Mars

planète bleue ?

JEAN-PIERRE BIBRING

Mars
planète bleue ?

Préface de
Hubert Reeves

Ouvrage proposé et publié sous la responsabilité éditoriale
de Sébastien Balibar

Préface

L'étude de Mars et de son évolution peut être envisagée sous l'angle de cette préoccupation si humaine : « Sommes-nous seuls dans l'univers ? »

Après avoir été un haut lieu de projection mythique, la planète Mars est devenue le territoire d'une des explorations les plus excitantes de notre période. Nous avons la chance de trouver dans le livre de Jean-Pierre Bibring le récit de cette aventure écrit par un de ses plus actifs promoteurs.

Proche parente de la Terre par son origine et sa localisation, et pourtant si différente dans son évolution et son comportement, la planète rouge nous ouvre de nouvelles fenêtres sur l'évolution de la complexité cosmique.

Sous-jacente, souvent tacite, mais omniprésente, il y a toujours dans ces études planétaires la question de l'origine de la vie. Elle nous touche dans notre existence même et notre appréhension de la réalité. De la vie, nous savons une chose : elle est apparue au moins une fois dans ce grand univers, sur notre planète la Terre. Les signes de sa présence ailleurs (si elle existe) se font encore attendre… En quoi notre Terre serait-elle spéciale ?

Qu'est-ce qui est nécessaire ? Qu'est-ce qui est suffisant ? Un des mérites du livre de Jean-Pierre Bibring est de répertorier les éléments physiques autour de cette thématique. La comparaison entre les cas de la Terre, Mars, la Lune et d'autres corps planétaires est des plus instructives. Des liens s'établissent entre des phénomènes qui, au premier abord, ne paraissaient pas devoir jouer un rôle important dans l'apparition de la vie, sa maintenance et son évolution temporelle. Ressort de ces études en particulier le rôle joué par les atomes radioactifs, comme l'uranium et le thorium, engendrés par les supernovae galactiques avant la naissance du Soleil et incorporés dans le volume des planètes. Leurs lentes désintégrations animent encore aujourd'hui l'activité interne dont un des effets est l'existence des champs magnétiques planétaires. Ceux-ci ont le pouvoir de dévier hors des sols les cohortes de particules ionisantes de l'espace. La Lune, sans champ magnétique, est stérile. Notre magnétosphère nous protège.

Sur la Terre cette même activité tectonique provoque les tremblements de terre et les volcans. Ceux-ci émettent des gaz (en particulier des gaz à effet de serres) qui contribuent à maintenir et à réchauffer la biosphère. Sans eux notre surface planétaire serait glacée. Quels rôles jouent-ils ailleurs, sur d'autres corps planétaires ?

Il s'agit de phénomènes physico-chimiques dont l'importance vitale était encore insoupçonnée il y a peu de temps et que l'astronomie contemporaine nous fait progressivement découvrir.

Ainsi tout au long de ce livre sont décrits des phénomènes cosmiques qui sont reliés à la question (encore sans réponse) de la présence possible de vie sur Mars. Un des apports les plus importants des recherches auxquelles Jean-Pierre Bibring a contribué est l'acquisition de connaissances au sujet de l'existence d'eau sur Mars. La présence des argiles serait difficile à expliquer sans la présence de nappes d'eau pendant des durées prolongées.

Cette découverte se décline dans le cadre du fameux trio « planète-eau-vie ». Il faut de l'eau pour que la vie apparaisse (du moins une vie telle que nous la connaissons et y participons), mais le fait qu'il y ait de l'eau n'est pas suffisant. Que faut-il de plus ? C'est peut-être là que Mars est passible de nous renseigner. Affaire à suivre en restant à l'écoute des prochaines émissions en provenance de la planète rouge.

Hubert Reeves

Pourquoi Mars ?

Planètes, étoiles, galaxies : l'image que l'astrophysique contemporaine nous offre de l'Univers bouscule toutes les représentations antérieures. En quelques décennies, notre compréhension des objets qui peuplent le cosmos, des liens qui les unissent et des raisons de leur évolution a totalement changé.

Cette révolution affecte en premier lieu notre vision de la Terre. À l'ère spatiale, des robots interplanétaires sont partis observer sur place la plupart des autres mondes planétaires. Ce qui ressort de ces explorations est une extraordinaire diversité, bien au-delà de ce que l'on pouvait imaginer. La Terre tranche comme une planète réellement unique : nulle part ailleurs ne se rencontrent des propriétés semblables aux siennes, que ce soit dans ses profondeurs, à sa surface ou dans son atmosphère. Surtout, et c'est la plus intrigante de ses singularités, il semble bien que seule la Terre a permis l'émergence, le maintien et l'évolution du monde vivant sur sa surface, jusqu'à aujourd'hui.

Ce à quoi l'humanité se trouve confrontée en ce début de siècle est absolument inédit. Alors que les avancées scientifiques offrent une palette de potentialités immenses, ce dépassement incessant des frontières de la connaissance se double d'un effet inattendu : il met en évidence un emballement de l'évolution de l'environnement de la Terre, qui fait peser des risques extrêmes au monde vivant dont, en même temps, l'histoire et l'évolution sont décrites avec une précision jamais atteinte. La conscience que la planète ne tourne plus rond, et que l'homme n'y est vraisemblablement pas étranger, gagne les esprits, partout dans le monde. On sent poindre un nouveau et profond vertige, qui se greffe sur le fond de fléaux récurrents, lesquels non seulement ne se résorbent pas, mais s'amplifient. Comment accepter que l'accumulation des richesses et le progrès des connaissances s'accompagnent d'une augmentation de l'inégalité dans la satisfaction des besoins humains élémentaires ? Est-il bien temps de s'intéresser aux moteurs de l'évolution planétaire, et aux raisons qui font de la Terre un objet si singulier ?

Il y a précisément urgence à déchiffrer et à maîtriser les processus qui régulent les équilibres mis à mal en ce moment. La planétologie contemporaine offre de notre monde une vision en perspective, dans son histoire et sa géographie cosmiques. Par sa démarche comparative, elle cale les propriétés terrestres sur celles d'objets semblables dans le système solaire, dont pourtant le destin a été totalement distinct. Elle permet de décrypter les mécanismes responsables de leur évolution. Elle identifie les spécificités de la Terre et engage à les préserver, car il serait illusoire de vouloir les reproduire ailleurs.

Dans cette recherche, Mars joue un rôle très particulier. De taille et de distance au Soleil similaires, Mars et la Terre auraient pu suivre des évolutions semblables. À les observer aujourd'hui, on décèle du reste de nombreux traits communs : dans le passé martien, de l'eau a coulé et formé des fleuves, des volcans ont épanché leur lave, des vents violents ont transporté du sable et érodé les reliefs. Aujourd'hui, pourtant, Mars est un désert aride, géologiquement mort, où plus rien ne se passe en surface de comparable à ce qui fait de la Terre une planète toujours active, recouverte d'océans et abritant partout la vie. Mars et la Terre ont-elles eu un passé semblable ? Quelles sont les raisons de la divergence de leurs évolutions ? La bifurcation des sentiers évolutifs s'est-elle produite après que la vie est apparue sur Mars ?

Dès que des missions spatiales vers Mars ont été possibles, elles ont été utilisées pour y rechercher des traces de vie fossile, voire d'espèces qui seraient encore en train de se développer en des niches favorables. Les premiers résultats furent décevants. Il est remarquable qu'aujourd'hui la question de l'émergence de la vie, sur Mars, s'éclaire d'un jour tout nouveau.

En quelques années, la compréhension de l'histoire des planètes, qui pourrait rendre compte de certaines des particularités de notre Terre, s'est prodigieusement enrichie. L'épopée de l'exploration spatiale de Mars y contribue de manière déterminante, notamment la recherche de ce véritable Graal : de l'eau stable, pendant longtemps, pour que s'y développent les premières formes vivantes. Cette aventure est riche de rebondissements, souvent spectaculaires, comme actuellement, où chaque jour nous parviennent de nouvelles données en provenance de Mars.

Planète rouge

Observée à l'œil nu, Mars se distingue avant tout comme l'un des plus rouges objets du ciel : l'association de cette couleur avec celle du sang l'a affublée, dans l'Antiquité grecque puis romaine, du nom qu'elle porte toujours, celui du dieu de la guerre. Progressivement, au cours des deux derniers siècles, son statut a évolué. De planète de mort elle est devenue monde de vie, dès lors que le rouge de sa surface a été associé non plus au sang mais à la rouille : si le sol a rouillé, c'est qu'il y a de l'eau ; s'il y a de l'eau, elle a nourri la vie. Ce syllogisme tenace a marqué jusqu'à ce jour l'exploration de Mars, qui fait de la recherche de l'eau son objectif premier, tant l'eau et la vie semblent être intimement liées sur Terre.

Observer Mars pour y rechercher une trace de vie extraterrestre : l'histoire abonde de récits et d'écrits l'attestant. Mars a toujours été considérée comme la plus proche des planètes favorables à la vie. Pour autant, les performances des moyens d'observation dont l'homme a disposé, même avec les télescopes les plus performants, n'ont jamais permis d'apporter de preuves tangibles, démontrant ou infirmant la vie sur Mars. C'est donc plus en réponse à une vision globale, une croyance proche du dogme, que les observations ont toujours été interprétées – souvent pour « confirmer » que Mars est vivante, voire habitée. Pourtant, c'est aujourd'hui seulement que la question de l'existence d'espèces vivantes, hors de la Terre, entre dans l'ère scientifique. Mars y joue un rôle majeur. Elle confirme la place importante que son observation a tenue tout au long de l'histoire de l'astronomie et des représentations que l'homme s'est faites de l'Univers, par-delà même les questions liées au vivant.

Jusqu'à l'ère spatiale, l'observation de Mars à l'œil nu puis à l'aide de télescopes s'est concentrée sur la description de son mouvement : plus les mesures devenaient précises, plus il devenait difficile d'en rendre compte en faisant de la Terre le centre de l'Univers. Pour une grande partie, on doit à ces travaux la révolution qui a imposé l'abandon de cette représentation, au terme de combats idéologiques violents.

Les planètes ont tout d'abord été caractérisées par le fait que leur mouvement était différent de celui des étoiles : celles-ci, nuits après nuits, se retrouvent à la même place dans le ciel, constituant un repère stable, un système de référence absolu. En revanche, il y a des nuits avec ou sans Lune, laquelle, à une même heure, ne se retrouve pas dans la même région du ciel ; Jupiter brille parfois, puis disparaît quelques semaines plus tard, tout comme Saturne ou Mars. Ce petit nombre d'objets se distingue ainsi des étoiles : ce sont des *astres errants*, ce qui se dit *planètes* en grec.

Pendant près de deux millénaires, les astronomes ont, tant bien que mal, réussi à expliquer le mouvement des planètes en maintenant la Terre immobile au centre, et en leur faisant parcourir des orbites circulaires, à vitesse constante : mouvement parfait par excellence. Mars était la plus difficile à faire entrer dans ce système. Vu de la Terre, son mouvement par rapport aux étoiles présente en effet une curiosité : après s'être déplacée dans un même sens, elle paraît s'arrêter, partir en sens opposé pendant plusieurs semaines, s'arrêter à nouveau, pour repartir dans le sens direct. Un ensemble de cercles concentriques ne rendait pas bien compte de ce *mouvement rétrograde* que les astronomes avaient déjà relevé dans l'Antiquité. C'est pour cela que Ptolémée a introduit la notion d'épicycles ; modifiée au cours des siècles suivants pour la rendre compatible avec les observations, elle ne régla pas réellement le problème. Reprenant une idée formulée par Aristarque de Samos dix-huit siècles plus tôt, Copernic proposa, dans son ouvrage majeur, *De revolutionibus orbium celestium*, publié l'année de sa mort, en 1543, une tout autre représentation. Beaucoup plus satisfaisante du point de vue scientifique, elle bousculait en profondeur le système de pensée dominant : les planètes tourneraient autour du Soleil.

À vrai dire, le ciel de Copernic permettait un accommodement avec le système de pensée faisant jouer à la Terre un rôle central : les planètes tournaient autour du centre… de l'orbite terrestre. Leur mouvement restait circulaire et uniforme. Surtout, la physique de cette époque ne permettait pas d'expliquer le processus par lequel le mouvement planétaire était lié à l'existence du Soleil : il faudra de nombreux travaux, et les observations précises faites avec les premières lunettes et les premiers télescopes, inaugurés en 1610 par Galilée, pour que Newton formalise, en 1687, les lois de la gravitation, faisant du Soleil le centre de masse déterminant le mouvement des planètes.

Avant même la mise au point des premiers instruments optiques et les travaux pionniers de Galilée, c'est à l'œil nu que Tycho Brahe, impressionnant astronome danois, a effectué des relevés de la position de Mars qui ont ouvert la voie aux bouleversements qui prenaient corps. Avec la seule aide d'un compas astronomique, il mesura les positions, et donc les déplacements de Mars, avec une précision de quelques minutes d'arc seulement. Kepler, faisant toute confiance à ces observations, a été conduit, pour en rendre compte, à établir, empiriquement, des lois tout à fait fondamentales, qui ont, plusieurs décennies plus tard, trouvé une formulation algébrique avec Newton. La Terre, Mars et les autres planètes sont en mouvement autour du Soleil, sur des trajectoires qui ne sont pas des cercles, mais des ellipses ; le Soleil n'en est pas le centre, mais un foyer, qui en est légèrement décalé. Ce mouvement est caractérisé par le fait que la vitesse n'est pas constante au cours du temps : elle est plus rapide quand la planète se rapproche du Soleil, et plus lente quand elle s'en éloigne, selon une loi stricte qu'il énonça. Les planètes ne sont donc pas animées d'un mouvement circulaire et uniforme. Il se trouve que Mars possède une orbite assez fortement elliptique : son écart à une trajectoire circulaire est suffisamment élevé pour avoir été mis en évidence. Mars est en moyenne une fois et demie plus éloignée du Soleil que ne l'est la Terre : cela suffit à expliquer pourquoi, vu de la Terre, son mouvement peut devenir rétrograde.

Mars a donc précipité la première révolution cosmologique fondamentale, dépouillant la Terre, au profit du Soleil, de son statut de centre du mouvement planétaire.

Si cette révolution a pris tant de siècles à s'imposer, c'est qu'elle s'opposait à un système de pensée institutionnalisé, où un créateur unique a donné place et sens à l'Univers, et à l'homme et la Terre un statut singulier. L'insuffisance des moyens d'observations était mise à profit pour justifier cette construction ; les astronomes, et les savants en général, dont les travaux remettaient en cause tout ou partie de cette vision, se trouvaient à contre-courant – coupables et hérétiques : il leur fallait déployer des trésors d'ingéniosité pour tenter de convaincre qui refusait de l'être. On sait que Galilée, dont le procès s'est conclu en 1633, n'a eu la vie sauve que grâce à sa rétractation, qui prit la forme d'une abjuration. C'est probablement Giordano Bruno qui a payé le plus lourd tribut : il fut brûlé vif, sur ce qui est aujourd'hui le Campo dei Fiori à Rome, en 1600, pour avoir accepté puis défendu les idées de Copernic dans une vision globale, allant même jusqu'à prôner l'existence d'une *pluralité des mondes*, où la vie, loin d'être restreinte à la Terre, apparaissait comme une donnée générique du cosmos.

De fait, l'héliocentrisme, banalisant la Terre parmi les mondes planétaires, favorisait le fait que d'autres terres puissent exister, et abriter des espèces vivantes, végétales ou animales. Mars est alors apparue comme la plus propice, en tout cas la plus proche des planètes habitables.

Pour autant, cette conception ne relevait d'aucune observation directe. Même quand Mars est au plus près de la Terre, à une distance de 60 millions de kilomètres, la précision des détails, avec les meilleurs télescopes, dans les meilleures conditions de visibilité, se mesure en dizaines de kilomètres au mieux. C'est trop pour que soient mises en évidence des traces diagnostiques et non ambiguës d'activité vivante. Pourtant, à la fin du XIXe siècle et au début du XXe, certains astronomes, parmi lesquels Giovanni Schiaparelli, Camille Flammarion puis Percival Lowell, ont interprété leurs observations télescopiques comme manifestations de l'existence de structures émanant d'êtres vivants : ils ont en particulier prétendu avoir identifié de véritables réseaux de canaux d'irrigation, des *canali*, acheminant de l'eau depuis les réserves glacées polaires vers les latitudes plus basses. On sait maintenant qu'il s'agissait d'interprétations fondées sur des artefacts instrumentaux.

Si aucune observation ne permettait de valider la présence de vie sur Mars, il est également vrai qu'aucune ne permettait d'en réfuter l'existence : en l'absence de contrainte observationnelle, le biais en faveur d'une vie martienne était irrésistible. Il a perduré jusqu'à très récemment.

Dès le XVIIe siècle, Huygens a mis en évidence une zone brillante au pôle sud de Mars. Progressivement, les observateurs ont noté qu'il en existait de part et d'autre de la planète et que leur extension variait au fil de l'année. Elles furent rapidement, et justement, interprétées comme correspondant aux deux calottes polaires, sans que leur composition ait été déterminée. S'agissait-il de glace d'eau ?

La seule évolution dans le temps des calottes polaires confirmait que Mars avait bien des saisons, un peu plus longues que les saisons terrestres équivalentes : l'année martienne dure 687 jours terrestres (669 jours martiens), en raison de sa distance au Soleil. Le jour martien a une durée très proche de celle du jour terrestre, d'environ 24 heures et 40 minutes. Enfin, la position des pôles indiquait que l'axe autour duquel Mars effectue sa rotation journalière est incliné sur le plan de l'*écliptique* – le plan de son orbite autour du Soleil – d'un angle voisin de celui des pôles terrestres. On ne manquait donc pas de similitudes avec notre planète.

Les images de Mars au télescope révélaient même des changements régionaux de couleurs au gré des saisons, avec des masses brunes et claires s'échangeant périodiquement, surtout dans l'hémisphère Nord. Il n'en fallait pas plus pour penser que ces variations traduisent l'évolution saisonnière de végétation : dans sa dernière édition (1959), qui précède de quelques années seulement les premières observations spatiales de Mars, le livre de référence *Astrophysique générale*, de Jean-Claude Pecker et Evry Schatzman, décrit Mars ainsi (p. 713) : « Mars est une planète bien connue [...]. Des régions vert sombre couvrent trois huitièmes de la planète, le reste est de couleur rouille, à l'exception des calottes polaires blanches. Les variations saisonnières des calottes polaires sont remarquables. Des points blancs sont laissés en arrière, quand elles rétrécissent, au printemps : il s'agit sans doute du sommet des montagnes martiennes. Les régions vert sombre tournent au jaunâtre à l'automne martien. Il pourrait s'agir de plantes du type thallophytes ou muscinées ou d'algues de glacier. »

Cette citation n'a pour objectif que d'indiquer à quel point était limitée notre connaissance des mondes planétaires, et de Mars en particulier, jusqu'à ce que l'exploration spatiale nous en donne une vision totalement nouvelle. Elle illustre également comment, en l'absence d'observation réfutant que la vie existe sur Mars, le mode de pensée dominant était non pas que la vie n'existe que sur Terre – ce qui aurait été tout autant en accord avec les observations dont on disposait –, mais au contraire que la vie existe ailleurs que sur Terre : donc sur Mars. Le peu de connaissances que nous possédions de Mars poussait à interpréter par l'existence de vie martienne la plupart de ce qu'on y observait.

En permettant, par des vols interplanétaires, d'aller effectuer des observations *sur place*, l'ère spatiale a bouleversé notre vision des mondes planétaires, notamment de Mars. Tout d'un coup, la précision des détails est passée de plusieurs dizaines de kilomètres, au mieux, à quelques centaines, parfois quelques dizaines de mètres : Mars s'est révélée totalement différente de ce que l'imagination, même la plus débridée, pouvait dessiner.

On a tout d'abord compris que les changements de couleurs préalablement interprétés comme l'évolution d'espèces vivantes étaient d'une tout autre origine. Ils proviennent de tempêtes de sable, à très grande échelle, qui balayent la planète de manière saisonnière. Le couplage entre l'inclinaison de l'axe de rotation de la planète et l'excentricité de son orbite autour du Soleil fait que l'insolation solaire entretient un régime de basses et hautes pressions, comme sur Terre mais avec une amplitude renforcée par l'absence de l'inertie qu'engendrent les océans terrestres. En conséquence, le gaz est entraîné dans un mouvement de circulation à grande échelle. Malgré sa très faible pression, l'atmosphère est ainsi balayée par des vents rapides, qui peuvent à leur tour entraîner des grains de sable fin jusqu'à de hautes altitudes. À des périodes particulières, liées à sa distance au Soleil, de véritables tempêtes de poussière construisent des structures très semblables à celles qu'elles sculptent dans les déserts terrestres. On a repéré en de nombreux endroits des dunes faisant penser à celles des ergs sahariens (Figure 1, page 33).

Le relief est modelé avec une grande variété de structures qui ont été tout d'abord mises en évidence par les images des sondes Mariner américaines, dans les années 1960, puis par celles des orbiteurs des missions Viking, à partir de 1976. Jusqu'à la fin des années 1990, c'est l'interprétation de ces jeux d'images qui a alimenté l'essentiel de notre connaissance de Mars.

Les toutes premières images ont été envoyées par la sonde Mariner 4 de la NASA en 1965, laquelle a pris en tout vingt et unes photographies, essentiellement de l'hémisphère Sud. Avec les technologies alors disponibles, il a fallu plus de huit heures de transmission pour chacune d'elles ! Alors qu'on était encore tout près de l'époque où l'on pensait que Mars pouvait même être habitée, elles ont révélé un sol criblé de cratères, à l'image de la Lune : Mars semblait être un astre désespérément mort.

Les missions Mariner 6 et Mariner 7, lancées peu après, confirmèrent ce diagnostic. Aucune activité géologique ne fut identifiée sur cet objet qui semblait éteint et froid depuis sa formation, il y a plus de 4,5 milliards d'années.

La vision a radicalement changé avec la mission suivante, Mariner 9, qui a observé Mars depuis son orbite pendant un an, de fin 1971 à fin 1972. Il a transmis plus de 7 000 clichés, donnant de la planète une cartographie globale cette fois. Les premiers furent très décevants : pendant près de deux mois, on ne pouvait rien distinguer de la surface, comme si les images étaient floues. Progressivement, elles se sont éclaircies, et des détails de l'ordre du kilomètre, parfois beaucoup moins, devenaient discernables : une tempête de poussière, partie de l'hémisphère Sud, avait recouvert toute la planète, avant de s'évanouir. On a alors découvert une planète Mars totalement différente, très impressionnante, présentant une grande diversité de terrains.

Les zones cratérisées étaient concentrées dans l'hémisphère Sud. Ailleurs, on apercevait des volcans géants, un réseau de gorges s'étendant sur plusieurs milliers de kilomètres ; des cannelures striant des terrains désertiques, des falaises découpées par les vents ; et surtout, des structures qui apparaissaient comme des lits de rivières asséchées. Le débat en était totalement relancé : y avait-il eu de l'eau dans le passé de Mars ? Aucune des formations observées, toutefois, ne correspondait aux *canali* de Giovanni Schiaparelli…

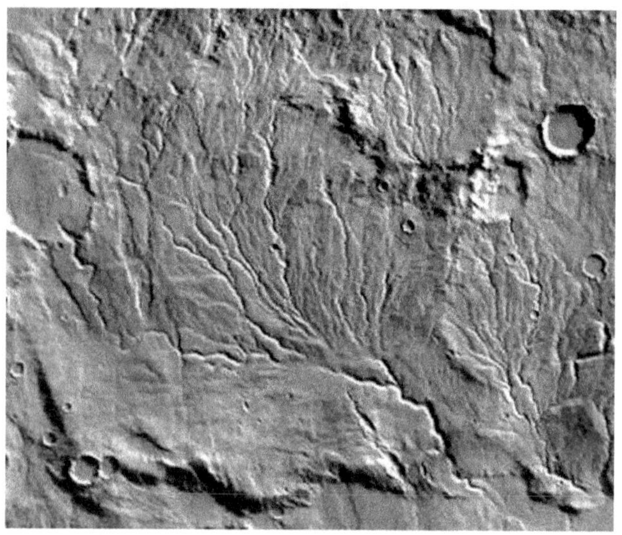

Ces missions Mariner n'étaient conçues par la NASA que comme un prologue. Le cœur de l'exploration restait à venir, avec le programme Viking. Deux missions se sont posées en juillet 1976 pour célébrer le deux centième anniversaire de la Déclaration d'indépendance des États-Unis d'Amérique par un exploit technique et surtout scientifique majeur : déterminer s'il y a de la vie sur Mars.

Chacune des sondes Viking comportait deux systèmes : un atterrisseur et un orbiteur. L'atterrisseur consistait en un engin de plus de 600 kilos, comportant surtout des instruments d'analyse du sol de Mars, une fois posé en douceur ; l'orbiteur avait pour fonction de relayer vers la Terre les données, et de procéder lui-même à des mesures scientifiques ; en particulier il devait réaliser une cartographie complète de la planète beaucoup plus précise que Mariner 9. Ce fut un succès spectaculaire. Les missions Viking se sont révélées particulièrement fécondes.

L'objectif premier était confié aux atterrisseurs. Leur mission était extrêmement ambitieuse : mettre en évidence des traces de vie, passée ou présente, dans le sol de Mars. Ils étaient équipés de caméras capables de déceler ce que l'œil humain aurait pu détecter, comme des changements d'organismes qui auraient grossi ou de plantes qui auraient poussé. Ils étaient également munis d'un bras manipulateur pour prélever des échantillons du sol et les distribuer à des instruments d'analyse d'une sensibilité très fine, capables de détecter des quantités infimes de matière organique, c'est-à-dire composée de carbone et d'hydrogène, et de déterminer si certaines avaient un comportement de matière vivante. Par exemple, l'une des expériences consistait à tester le métabolisme éventuel du sol après injection de composés nutritifs, dans l'hypothèse où le comportement serait similaire à celui de bactéries, de plantes vertes ou d'animaux terrestres.

Tous les instruments ont opéré parfaitement, des mois durant, sur les deux sondes. Les caméras ont montré que l'hiver, le sol se recouvrait d'un givre brillant (voir Figure 2, page 36), et des capteurs de pression et de température ont enregistré leurs variations, diurnes et annuelles.

Les analyses du sol ont montré que Mars avait un comportement chimique très particulier ; mais elles n'ont détecté aucun composé organique. Cela ne démontrait pas qu'il n'existait pas d'organismes vivants, mais ne prouvait certainement pas qu'il en existait. Les résultats pouvaient parfaitement s'expliquer sans faire appel à des processus biologiques ; des réactions d'oxydation chimique classique suffisaient à en rendre compte. Le fait que les échantillons ne contenaient pas de composés organiques décelables, et que de l'oxygène était relâché dès qu'ils étaient mis au contact de la vapeur d'eau, était une indication forte qu'ils contenaient des oxydants − or on sait que pour l'essentiel des espèces vivantes, ce sont des poisons violents. La grande majorité des scientifiques impliqués ont considéré que l'interprétation chimique, sans signature biologique, était la bonne : Mars semblait constituer un désert sans vie − en tout cas en surface et dans le sous-sol proche des sites que les atterrisseurs Viking avaient analysés.

Cette conclusion heurtait de front l'espoir, que nombreux caressaient, de confirmer l'hypothèse que la vie était bien apparue sur Mars. La mission Viking représentait la première tentative d'aborder la question de l'existence de vie ailleurs que sur Terre par des mesures expérimentales *in situ*.

Pendant que les atterrisseurs des sondes opéraient au sol, les modules en orbite ont accumulé, pendant plusieurs années, des résultats très importants : ils ont en particulier réalisé plusieurs dizaines de milliers d'images, à toutes résolutions, qui couvrent la planète entière. On a ainsi disposé d'une cartographie globale avec une précision de quelques centaines de mètres et, pour certaines régions, jusqu'à quelques dizaines de mètres. Ces images ont confirmé et affiné les observations des sondes Mariner faites quelques années plus tôt, mettant en évidence l'ensemble des grandes structures de la surface martienne.

Vingt ans plus tard, la sonde Mars Global Surveyor (MGS) de la NASA, lancée en 1996, a fourni des observations encore plus précises. La caméra à haute résolution MOC pouvait résoudre des détails d'à peine plus de un mètre : c'est dix fois mieux que ce dont on dispose pour la Terre avec les images du satellite Spot. Depuis 2006, une nouvelle sonde de la NASA, Mars Reconnaissance Orbiter (MRO), réalise des images de Mars encore plus fabuleuses, avec une précision d'une vingtaine de centimètres seulement : c'est mieux que ce dont on dispose pour la Terre, même avec les moyens spatiaux d'observation militaire à très haute résolution !

La sonde MGS a effectué en outre, et pour la première fois, un relevé topographique global, permettant de connaître l'altitude de chaque point de la surface, avec une précision verticale de quelques mètres. L'altimètre laser (MOLA) opérait de la manière suivante : des impulsions lumineuses étaient envoyées vers la surface ; un détecteur, placé à côté de l'émetteur, recevait les ondes réfléchies, et l'instrument mesurait le temps séparant l'envoi de la réception. Puisque la vitesse à laquelle se propage le signal, celle de la lumière dans le vide, est connue, on en déduit la distance que le signal a parcourue. Comme la position du point de départ du signal, sur l'orbite elle-même, est déterminée à quelques mètres près, on en déduit avec cette précision l'altitude du point de la surface où la réflexion s'est produite. MOLA a ainsi fourni une carte globale de l'altitude à la surface de Mars, reproduite dans la Figure 3 (voir page 37) ; le code de couleurs, qui va du bleu pour les terrains les plus bas au rouge et blanc pour les plus hauts sommets, met nettement en évidence les grandes unités et leurs structures : volcans, cratères, gorges.

La première observation, c'est que les plaines du Nord sont globalement plus basses de plusieurs kilomètres que les terrains de l'hémisphère Sud. L'origine de cette *dichotomie* martienne à grande échelle reste une énigme.

Certains pensent qu'elle reflète une dissymétrie de l'activité interne de la planète. Les mouvements dans le *manteau* de Mars auraient donné une épaisseur de croûte, avant qu'elle ne se solidifie, moindre au Nord qu'au Sud.

Pour d'autres, l'origine en serait extérieure à la planète : la dichotomie résulterait d'un impact géant qu'aurait subi Mars, très tôt dans son histoire. Les plaines du Nord, Vastitas Borealis (les « vastes étendues du Nord »), constitueraient un gigantesque bassin de plus de 10 000 kilomètres de large, de forme légèrement elliptique. Il aurait été formé par l'impact d'un objet de quelque 2 000 kilomètres de diamètre, juste après que la planète s'est formée.

Le fait que les planètes ont été fortement bombardées très tôt dans leur histoire est attesté par de nombreuses observations. Ce *bombardement primordial*, poursuivi sur plusieurs centaines de millions d'années, a considérablement marqué l'évolution des planètes : un grand nombre de leurs propriétés actuelles en sont directement issues. La Terre n'y a pas échappé, mais son incessante activité géologique en a effacé les traces. On n'a pas encore épuisé l'analyse des effets de ces impacts ; ils ont peut-être joué un rôle critique dans l'émergence du vivant.

Parmi ceux qui ont affecté Mars, y en eut-il au moins un capable de former un bassin de la dimension de Vastitas Borealis ? Ce qui invite à le penser, c'est qu'un tel événement semble assez probable, pour s'être produit ailleurs que sur Mars, et en particulier sur Terre. Il semble bien en effet que la Terre ait subi un choc de cette envergure, par un objet vraisemblablement plus massif encore : elle aurait été violemment heurtée, à peine formée, par un bolide d'une taille semblable à celle… de Mars. C'est ainsi que la Lune aurait été formée.

Ainsi, deux impacts similaires ont peut-être affecté, l'un, Mars, l'autre, la Terre, en y laissant des empreintes différentes : sur Mars, elles seraient enregistrées à même la planète, sous la forme d'une dichotomie ; sur Terre, la trace du choc s'est effacée. En revanche, celui-ci a eu des effets considérables pour la Terre et son atmosphère, et conduit à la formation de la Lune qui a beaucoup influencé l'évolution terrestre.

Le bombardement primordial

L'idée que la Terre a été bombardée par un objet de très grande taille, quelques millions d'années seulement après qu'elle a été formée, et que cet impact aurait été responsable de la formation de la Lune, est assez récente. Elle a été formulée après l'analyse, en laboratoire, des échantillons lunaires rapportés par les missions Apollo (américaines) et Luna (soviétiques), dans les années 1970 : les mesures de composition ne confirmaient pas les modèles proposés jusqu'alors pour expliquer l'origine de la Lune ; il a fallu en construire un autre.

Ces modèles étaient au nombre de trois : pour l'un, la Lune, formée ailleurs dans le système solaire, aurait frôlé la Terre, qui l'aurait capturée par son attraction gravitationnelle. Cette hypothèse pose un sérieux problème dynamique, car se mettre en orbite autour d'un autre objet requiert de perdre une très grande quantité d'énergie, surtout pour parvenir à une orbite circulaire et non fortement elliptique. Une critique encore plus forte vient de la composition de la Lune, et concerne également le second modèle, selon lequel la Lune et la Terre auraient été formées à partir d'un même anneau de matière, dans le disque initial. Pour ces deux modèles, on s'attendrait en effet à ce que la Lune et la Terre aient des compositions similaires, intégrant l'essentiel des éléments solides présents dans le nuage protosolaire. Or la Lune semble très pauvre en éléments lourds, notamment en fer.

L'hypothèse avancée pour expliquer cette différence est la suivante. Dans des objets tels que la Terre, le fer et le nickel, qui sont les plus abondants des éléments lourds, ont migré vers le centre et formé un noyau de très grande densité, à une époque où la température était tellement élevée que la matière en était très fluide, peut-être même totalement liquide. Cela permit à la gravité d'opérer une *différenciation* minéralogique.

La différenciation joue un rôle très important dans l'évolution planétaire. Elle porte le même nom qu'en biologie pour rendre compte de la spécialisation cellulaire, mais recouvre une réalité totalement différente. Pour les planètes, la différenciation consiste en un empilement des matériaux selon leur densité, des plus légers en surface aux plus denses au centre. La Terre est exemplaire à cet égard. Au-dessus d'un *noyau* terrestre, métallique et de densité élevée, proche de 8, s'étend le *manteau* de minéraux silicatés et d'oxydes dont la densité moyenne est de 3,5 ; la *croûte* rocheuse qui le recouvre a une densité encore plus faible, inférieure à 3. La densité moyenne de la Terre (5,5) reflète les volumes relatifs des différentes couches, qui peuvent varier d'un objet planétaire à l'autre, selon les processus de formation.

Le fait que, pour la Lune, la densité est faible et proche de celle du manteau terrestre refléterait l'absence de noyau métallique ; c'est une condition essentielle de tout scénario d'origine de la Lune. Le troisième modèle, proposé au XIXe siècle par George Darwin, fils de Charles Darwin, le père de la théorie de l'évolution par sélection naturelle, répond précisément à cette contrainte. La Lune proviendrait des couches extérieures de la Terre, par condensation d'un filament de matière brûlante arraché par effet centrifuge alors qu'elle tournait très rapidement. En partant de l'analyse des effets de marée de la Lune qui ralentissent la rotation de la Terre, il proposa que, tôt dans son histoire, la Terre aurait eu une rotation beaucoup plus rapide qu'aujourd'hui, au point de ne pouvoir retenir ses couches externes. L'éjection se serait produite après que la Terre eut été différenciée, ce qui expliquerait l'absence de matière provenant du noyau métallique dans le fragment arraché. Il suggéra même que la Terre aurait préservé la trace de ce cataclysme, sous la forme du gouffre ainsi créé et non totalement comblé, dans lequel s'étendrait aujourd'hui… l'océan Pacifique.

La tectonique des plaques offre maintenant une explication globale et convaincante de la répartition des continents en mouvement, ainsi que des océans terrestres ; nul besoin, pour expliquer l'origine des dépressions océaniques entre les continents, de faire appel à la formation de la Lune. Plusieurs autres considérations, liées au mouvement et à la composition de notre satellite, ont également mis à mal le processus d'extraction du matériau terrestre proposé par George Darwin. Il reste toutefois que les analyses des échantillons lunaires ont validé cette idée : quoique présentant quelques différences notables avec celles du manteau et de la croûte terrestres, la composition globale de la Lune correspond bien à celle qu'on attend d'un corps qui se serait formé à partir des couches externes d'un objet différencié, en excluant l'essentiel du matériau venant de son noyau riche en fer.

La conception contemporaine de l'origine de la Lune reprend ainsi une partie du concept de George Darwin, impliquant les couches extérieures de la Terre. En revanche, le mécanisme d'éjection est tout autre : il résulterait d'un impact géant subi par la Terre tout juste formée. Un objet de très grande masse l'aurait heurtée, formant un gigantesque nuage de gaz et de grains, en partie fondus et volatilisés. Une fraction de ce matériau, éjectée à plusieurs rayons de la Terre, se serait « accrétée » en orbite : des blocs de plus en plus massifs auraient grossi pour donner naissance à la Lune.

De nombreuses simulations numériques ont été conduites pour préciser les caractéristiques d'un tel impact et en prévoir les conséquences. Le premier résultat concerne la taille de l'objet qui a heurté la Terre. Pour rendre compte du moment angulaire du système Terre-Lune, c'est-à-dire des caractéristiques de la rotation de la Lune autour de la Terre, la masse incidente devait être considérable et dépasser le dixième de celle de la Terre. Ensuite, compte tenu de cette taille, l'essentiel de la matière éjectée serait issu du projectile, plus que de la cible que constituait la jeune Terre. C'est le contraire de ce qu'il advient des impacts par des objets de très petites dimensions comparées à la cible, laquelle contribue pour plus de 99 % au matériau éjecté. Pour expliquer la composition de la Lune, appauvrie en éléments lourds, il faut donc faire une double hypothèse, sur l'objet impactant qui doit avoir été lui-même différencié, et sur la géométrie du choc : celle-ci doit permettre de séparer le noyau des couches externes de l'objet impactant, puis d'en découpler l'évolution après le choc. Celui-ci aurait été suffisamment rasant pour que la matière éjectée forme un disque. De forte densité, le noyau serait retombé sur Terre, alors que le manteau et la croûte, mélangés à ceux de la Terre à l'endroit du choc, auraient constitué l'essentiel du matériau à partir duquel la Lune se serait accrétée.

La violence du choc a considérablement chauffé la Terre, mettant en fusion l'essentiel de sa masse, à laquelle une partie du matériau impactant, et en particulier son noyau, s'est mélangée. En conséquence, la Terre, à cette étape, devait constituer un gigantesque océan de magma de matière totalement fondue, et très fluide. Toute trace de l'impact a ainsi disparu. En se refroidissant, elle s'est différenciée en noyau, manteau et croûte, de volume et de composition proches de ce qu'ils sont encore aujourd'hui.

Dans le disque, les couches externes de la Terre et de la Lune se sont ainsi trouvées reliées : après avoir été homogénéisées, une partie est retombée sur Terre, une autre a formé la Lune. Cela a contribué à équilibrer les compositions élémentaires et isotopiques du matériau lunaire avec celles du manteau et de la croûte terrestres, en accord avec ce que l'on observe : ils semblent issus d'un même matériau d'origine.

Ce mécanisme explique également qu'on retrouve sur la Lune des minéraux très semblables à ceux qu'on trouve sur Terre, avec une différence importante : ils sont parfaitement anhydres. L'eau a en effet connu un destin différent sur la Lune et sur la Terre. Là, le magma a été totalement dégazé de ses constituants volatils, dont l'eau. De masse trop faible, la Lune n'a pu les retenir : ils ont quitté la planète, sans jamais constituer d'atmosphère. La surface de la Lune est toujours restée au contact direct du milieu interplanétaire.

Sur Terre, l'impact a pu chasser une grande partie de l'atmosphère primitive, vraisemblablement constituée en majorité de gaz carbonique avec des pressions de plusieurs dizaines, peut-être même de plusieurs centaines de bars (la pression atmosphérique moyenne actuelle de la Terre est d'environ 1 bar). Sans l'impact, ses propriétés auraient peut-être empêché que le climat ne soit suffisamment tempéré pour que la vie y apparaisse.

Par l'impact, les couches externes de la Terre et de l'objet impactant ont perdu leurs constituants les plus volatils ; c'est tout particulièrement le cas de l'eau. L'essentiel d'entre eux, intégrés au disque où s'est accrétée la Lune, a pu retomber sur Terre dont la force d'attraction était importante. En surface, les roches terrestres constituaient alors un magma, dont on peut penser qu'il est resté en fusion pendant longtemps, chauffé par les effets de marée de la Lune qui se trouvait alors très près de la Terre : l'eau s'est facilement mélangée aux roches. L'hydratation du magma en a fortement augmenté la fluidité, ce qui a pu favoriser l'instauration d'un régime de convection, engendrant une tectonique de plaques.

L'atmosphère de la Terre s'est ensuite reconstituée et stabilisée, essentiellement par retombées depuis le disque, dégazage du manteau et volcanisme : l'eau extraite du magma s'est alors en partie condensée en un vaste océan, grâce aux conditions favorables de l'atmosphère. C'est une des spécificités majeures de la Terre que d'avoir connu et préservé jusqu'à aujourd'hui une température et une pression maintenant en surface l'eau à l'état liquide.

Bien entendu, il est très difficile de savoir avec certitude si la Terre était déjà recouverte d'un océan, aussi tôt dans son histoire. L'essentiel des traces en a disparu. Une mesure toutefois semble attester de cette existence. On a trouvé récemment, dans les terrains continentaux les plus vieux, des minéraux très particuliers, des *zircons*, de formule brute $ZrSiO_4$. Ce sont des cristaux très résistants, qui survivent à des épisodes de transformation géologique et d'érosion, ce qui explique qu'ils aient résisté à la destruction des roches dans lesquelles ils se sont formés, notamment des granites. On les retrouve dans des conglomérats de détritus minéraux. Les zircons les plus anciens ont été trouvés dans une région nommée Jack Hills, en Australie. Ils contiennent des petites inclusions riches d'uranium radioactif, permettant de dater leur cristallisation : ces zircons auraient plus de 4,1 milliards d'années.

Des mesures précises des rapports isotopiques de l'oxygène qu'ils contiennent montrent que les roches, vraisemblablement granitiques, dans lesquelles ils se sont formés ont été en contact avec un réservoir d'oxygène enrichi en ^{18}O, l'isotope le plus lourd de l'oxygène ; cela traduit vraisemblablement le fait qu'elles ont interagi avec un océan, à une époque où les grains étaient encore suffisamment chauds, c'est-à-dire non définitivement solidifiés, pour permettre la diffusion et l'échange d'atomes. L'analyse de ces zircons est la meilleure indication que la Terre aurait été recouverte d'un océan dans un passé aussi reculé.

La datation précise des événements qui ont marqué l'évolution primitive de la Terre et des planètes est très délicate à réaliser. Il existe toutefois des méthodes permettant d'effectuer une évaluation fondées sur l'analyse isotopique en laboratoire d'échantillons représentatifs. Il en ressort que la différenciation de la Terre s'est opérée en quelques millions d'années. Quelques dizaines de millions d'années plus tard, la Lune s'est condensée dans le disque de matière éjecté par l'impact géant. Quelque deux cents millions d'années plus tard – peut-être même plus tôt –, des océans terrestres existaient.

Il est certain que plusieurs des idées avancées ci-dessus demandent à être validées, notamment cet événement majeur dans l'histoire de la Terre qu'aurait été cet impact gigantesque dont est issue la Lune. Il ne fut pas isolé, mais le plus violent d'un *bombardement primordial* intense qui a marqué son évolution, comme celle de toutes les planètes. Ce fut également le cas de Mars. Cet épisode a contribué de manière critique à orienter son histoire.

C'est la topographie de la surface de Mars qui témoigne de ce qu'elle a subi, très tôt, un bombardement extrêmement intense. Les premières sondes Mariner nous l'avaient déjà révélé : sur pratiquement un hémisphère, on observe des cratères, très semblables à ceux couvrant les plateaux clairs de la Lune. Du reste, une image sans légende de ces zones cratérisées, comme celle de la page 19, ne permet pas de savoir s'il s'agit de Mars – ce qui est le cas de cette image –, de la Lune, de Mercure ou d'un astéroïde. Il y a bien des différences, mais si subtiles qu'elles n'apparaissent qu'au regard exercé. Pourquoi Mars est-elle, sur près de la moitié de sa surface, criblée de cratères, comme la Lune mais non la Terre, et pourquoi ne l'est-elle pas entièrement ?

La Lune nous aide à nouveau à répondre à ces interrogations : avant qu'on ait découvert les terrains cratérisés de Mars, le seul exemple connu était la Lune ; une simple paire de jumelles permet d'y voir les plus grands d'entre eux. Avec les missions spatiales, et leurs images à haute résolution, on s'est aperçu que la surface lunaire était réellement saturée de cratères : ils s'emboîtent les uns dans les autres, à quelque échelle qu'on les observe. Les échantillons rapportés de ces missions présentent eux aussi de tels cratères, jusqu'à l'échelle microscopique : au total, leurs diamètres couvrent tout le spectre des dimensions possibles, de quelques micromètres à plus de mille kilomètres. Cette distribution par taille se présente sous une forme que les physiciens qualifient de « fractale », pour traduire qu'elle se reproduit à l'identique à toute échelle. D'où proviennent ces cratères ? Il ne s'agirait pas de structures d'origine volcanique, mais du résultat d'impacts violents, survenus peu de temps après que la planète se fut formée.

La croissance des planètes s'est opérée par collisions entre blocs de taille de plus en plus grande : selon la vitesse relative au moment des chocs, ceux-ci se sont traduits en croissance (*accrétion*) ou destruction. Un même processus est donc responsable de la formation des objets planétaires et de leur cratérisation primordiale.

Comment se représente-t-on, schématiquement, cette phase d'accrétion ? La formation du système solaire a débuté par l'effondrement, sous l'effet de sa propre masse, d'un « nuage » de gaz et de grains interstellaires, souvent qualifié de *nébuleuse protosolaire*. Cette contraction s'est opérée tout en maintenant le mouvement de rotation acquis au préalable au sein de la Galaxie. La matière s'est concentrée en un disque de plus en plus fin, dans le plan perpendiculaire à l'axe de rotation. La contraction gravitationnelle s'est accompagnée de la dissipation d'une grande quantité d'énergie : elle a fortement chauffé le gaz du nuage, volatilisé l'essentiel des grains et homogénéisé l'ensemble.

Dans un tel processus, c'est au centre que la densité et la température augmentent le plus : lorsque celle-ci a atteint des millions de degrés, les premières réactions de fusion thermonucléaire se sont allumées, transformant l'hydrogène en hélium : le Soleil est né, devenant à proprement parler une étoile. Ces réactions émirent un rayonnement dont la pression bloquait la contraction : l'énergie d'effondrement gravitationnel a d'un coup chuté, et, malgré le rayonnement issu des réactions nucléaires, le gaz du nuage s'est refroidi, se condensant progressivement en grains, dont la composition variait avec la distance : loin du Soleil, la température était suffisamment froide pour que l'eau, constituant très abondant, se glace.

Entraînés dans le mouvement turbulent du nuage, tous les grains, minéraux ou de glace, ont été soumis à un régime de collisions incessantes, conduisant, selon la vitesse relative, à leur croissance ou au contraire à leur destruction partielle. D'innombrables *planétésimaux* se sont ainsi formés, de toutes tailles jusqu'à des dimensions de plusieurs kilomètres. Ce processus ne pouvait que s'emballer : l'apparition d'objets de grandes dimensions, en perturbant fortement l'ensemble des orbites, amplifiait les instabilités gravitationnelles, entraînant de nouvelles collisions. Celles-ci ont permis à un petit nombre d'embryons planétaires de plusieurs centaines de kilomètres de grossir et d'entrer en collision entre eux ; leur accrétion a donné naissance, dans les régions les plus proches du Soleil, aux *planètes internes*, ou encore *telluriques* (du latin *tellus*, Terre), qualificatif choisi pour souligner leurs propriétés de corps solides rocheux semblables à la Terre : Mercure, Vénus, la Terre et Mars.

Cela les distingue des planètes géantes du système externe : Jupiter, Saturne, Uranus et Neptune, dont les cœurs solides sont entourés d'atmosphères massives. En effet, au-delà de la distance héliocentrique où il fait suffisamment froid pour que la glace d'eau soit stable, celle-ci était tellement abondante que des corps solides ont pu grossir, mélangeant glace et roches, jusqu'à des masses des dizaines de fois égales à celle de la Terre. Cela suffit pour que ces objets engendrent l'effondrement local du nuage protosolaire : d'importantes quantités de gaz, principalement hydrogène et hélium, se sont accumulées autour des noyaux solides, donnant naissance à ces planètes géantes, pendant que des disques d'accrétion se constituaient tout autour, d'où sont issus les systèmes d'anneaux et satellites qui perdurent jusqu'à ce jour. Ainsi, l'abondance et la stabilité de la glace d'eau, à partir de distances héliocentriques de quelques unités astronomiques, ont permis qu'au sein du nuage protosolaire se construisent des systèmes en miniature, l'objet central demeurant malgré tout de taille suffisamment petite pour ne pas devenir une étoile, siège de réactions thermonucléaires : celles-ci exigent pour s'allumer des dimensions plus de dix fois supérieures à celles de Jupiter.

Toutes les collisions n'ont pas nourri la croissance planétaire. Lorsqu'un choc se produit avec une vitesse relative dépassant quelques kilomètres par seconde, l'énergie transférée est telle qu'elle détruit, plus qu'elle ne construit. Lors de l'impact, la température peut monter jusqu'à plusieurs milliers de degrés. L'objet incident est volatilisé, une onde de choc est générée et se propage dans la cible ; elle éjecte un volume de matière qui peut être plusieurs centaines de fois supérieure à celui de l'objet incident : elle laisse un cratère comme témoignage de la violence de l'impact. Ainsi, dès que des objets ont été mis sur des orbites de collision avec d'autres objets, en particulier avec les planètes internes, ils les ont couverts de cratères. Bien entendu, celui qui a en reçu le plus grand nombre, c'est le Soleil, dont le pouvoir attractif était considérable.

Figure 1 – Dunes martiennes : dans un cratère des plaines du Nord (en haut) et dans la calotte polaire boréale (en bas).

L'accrétion progressive des grains et blocs présents dans le disque initial avait donné naissance à d'innombrables objets, planétésimaux et embryons planétaires ; l'essentiel a disparu, par impacts, lors du bombardement primordial. Le système solaire actuel est composé du petit nombre de ceux qui ont survécu à cette phase de nettoyage, ont grossi et sont demeurés sur des orbites stabilisées.

L'analyse en laboratoire d'échantillons terrestres aussi bien qu'extraterrestres, notamment des échantillons lunaires, indique que la phase d'accrétion principale aurait duré quelques dizaines de millions d'années. Toutefois, le bombardement primordial s'est prolongé sur plusieurs centaines de millions d'années, se manifestant jusqu'à il y a 3,9 ou 4 milliards d'années.

Tous les spécialistes ne s'accordent pas encore sur la manière dont cette phase de bombardement a évolué. Pour certains, elle a continué à un rythme élevé durant plus de 500 millions d'années, diminuant par disparition progressive des objets, détruits précisément par ces chocs, jusqu'à ce qu'elle cesse brutalement. De nombreux arguments font pencher pour une autre vision, selon laquelle l'histoire du bombardement primordial comprendrait deux épisodes distincts.

Le premier coïncide avec la période d'accrétion planétaire de quelques dizaines de millions d'années décrite plus haut. L'impact géant ayant donné naissance à la Lune en serait l'un des événements. Cette première phase aurait rapidement et fortement décru : le système solaire serait entré dans une période de calme relatif. Quelques centaines de millions d'années plus tard, un second épisode extrêmement intense de bombardement, *tardif*, se serait déclenché (on le nomme LHB pour Late Heavy Bombardment). Alessandro Morbidelli et son équipe, à l'observatoire de Nice, ont montré que cet épisode tardif pourrait être dû à l'évolution du système Jupiter/Saturne. Tant que le nuage protosolaire contenait encore beaucoup de gaz et de grains, les planètes qui s'y formaient voyaient leur orbite lentement dériver, par un processus de *migration* qui s'est arrêté lorsque tout le gaz a été évacué. Jupiter et Saturne pourraient ainsi avoir entamé leur croissance à des distances du Soleil différentes de leurs orbites actuelles. Lorsque des planètes ont des périodes de révolution telles qu'elles se retrouvent périodiquement dans une même configuration, il se produit un phénomène de *résonance* amplifiant considérablement l'amplitude des mouvements. C'est ce qui aurait pu arriver pour Saturne : sa lente dérive, jusqu'à une distance héliocentrique exactement double de celle de Jupiter, aurait pu accroître fortement l'excentricité de son orbite, suscitant de fortes perturbations du système solaire externe. Une nuée d'objets lointains se sont ainsi introduits dans le système interne, provoquant un bombardement intense de tous les corps qui s'y trouvaient. Ce second épisode, par son intensité, aurait effacé la plupart des traces du premier. Il serait donc responsable de l'essentiel des cratères qui recouvrent les surfaces de la Lune, de Mercure comme de Mars.

Pourquoi la Terre ne présente-t-elle pas de régions couvertes de cratères ? Bien entendu, ce n'est pas qu'elle aurait échappé à ce bombardement : par nature, celui-ci a affecté, à des degrés semblables, la plupart des objets du système solaire. C'est qu'elle en a effacé la trace. Ce qui la différencie n'est donc pas ce qui s'est passé à l'époque du bombardement, mais ce qui lui est advenu ensuite. L'évolution géologique de la Terre nous empêche d'accéder aux premières phases de son histoire.

Mars n'a pas connu d'activité géologique globale assez violente pour supprimer l'ensemble des structures engendrées par les processus qui ont affecté son histoire, même la plus ancienne. Elle en a conservé la mémoire en partie, ce qui permet de l'étudier.

Le bombardement primordial constitue donc une étape intrinsèquement liée à la croissance planétaire elle-même : il s'agit de deux aspects d'un même processus, opérant simultanément, dans des régimes de vitesses relatives différentes. Tout deux résultent des instabilités gravitationnelles affectant les trajectoires des grains et des blocs rocheux du nuage protosolaire, à mesure que des objets de plus en plus gros se formaient, imposant des collisions incessantes.

Ce bombardement a profondément modelé les planètes et orienté leur évolution. On a vu que, sur Terre, un impact géant aurait été capable de former une Lune massive et serait à l'origine de cette caractéristique majeure : avoir conservé de l'eau en surface sous forme d'océans stables, jusqu'à aujourd'hui.

Tout d'abord, l'impact à l'origine de la formation de la Lune s'est accompagné de l'éjection d'une partie de l'atmosphère primordiale de la Terre ; trop dense, elle aurait empêché que ne s'installent des conditions de température et de pression clémentes. Les

Figure 2 – Panorama de Mars pris par la sonde Viking 2, en été (en haut) et en hiver (en bas) : une fine pellicule de givre recouvre alors le sol.

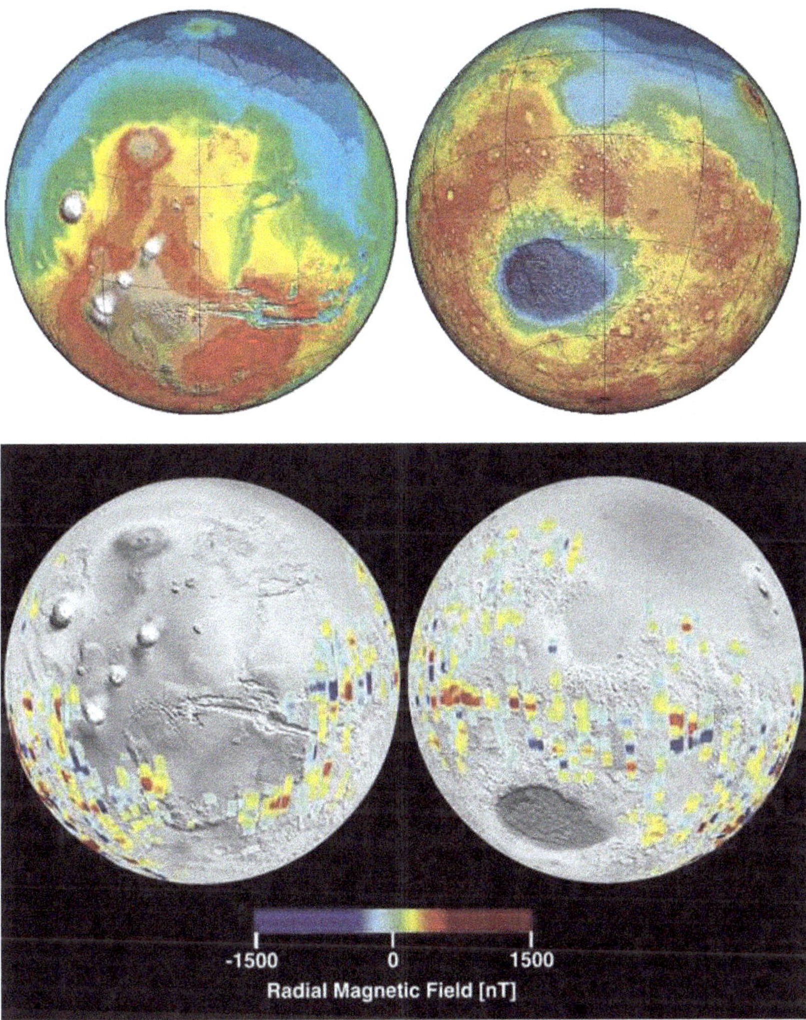

Figure 3 – Les deux globes du haut représentent les variations d'altitude à la surface de Mars, du bleu pour les terrains les plus bas, au rouge et blanc pour les plus élevés. Une dichotomie à grande échelle apparaît, avec de vastes plaines de basse altitude au Nord. On distingue, à gauche, les volcans géants du dôme de Tharsis, ainsi que le réseau de gorges de Valles Marineris ; à droite, les plateaux cratérisés dominent, percés du grand bassin d'impact d'Hellas. Sur les globes du bas, les couleurs correspondent aux terrains magnétiques, dont on constate qu'ils se situent dans les régions fortement cratérisées : Mars avait un champ magnétique très tôt dans son histoire (voir page 187).

effets gravitationnels de la Lune ont ensuite contribué à maintenir ces conditions, de manière, semble-t-il, permanente.

Par sa masse relative élevée, la Lune exerce sur la Terre des forces d'attraction dont certains des effets – les marées – sont compris depuis longtemps.

Plus de trois siècles avant notre ère, Pythéas a réalisé le rôle de la Lune dans la production des marées terrestres. Cela s'est passé lors d'une expédition extraordinaire, qu'Yvon Georgelin relate dans un très bel ouvrage[1].

Remarquable astronome et explorateur de Massalia (future Marseille, alors grecque), Pythéas est convaincu que la Terre est sphérique, et qu'elle tourne sur elle-même autour d'un axe incliné sur le plan de l'*écliptique*, qui est le plan de sa révolution annuelle autour du Soleil. L'*obliquité* de la Terre est l'angle entre le plan de l'équateur terrestre et celui de l'écliptique ; elle vaut actuellement 23° 27' : c'est ce qui définit la latitude des tropiques. Pythéas sait mesurer cette obliquité ainsi que la latitude du lieu où il se trouve, par la variation de la hauteur du Soleil à midi, maximale au solstice d'été, minimale au solstice d'hiver, et intermédiaire aux équinoxes. L'obliquité est l'angle qui sépare les hauteurs du Soleil à midi au solstice et à l'équinoxe. La valeur qu'il en obtient est de 24° 51', extrêmement proche de la valeur réelle 23° 46' qu'on calcule aujourd'hui pour l'obliquité terrestre à son époque. Il sait également que, puisque l'obliquité n'est pas nulle, il existe des terres, de hautes latitudes, au-dessus desquelles, au solstice d'été, le Soleil ne devrait pas se coucher ; six mois plus tard, le Soleil ne devrait en revanche pas se lever, et plonger le pays dans une nuit permanente. Pythéas décida d'atteindre ces terres et d'en mesurer avec précision la latitude ; de la distance parcourue, évaluée par la durée de son voyage, il en déduirait le rayon de la Terre. Il partit en direction de *Thulé*, pays où, pensait-il, il verrait le Soleil de minuit. Il y parvint effectivement et le vit – ce devait être l'Islande.

Pour monter une telle expédition, déjà pourrait-on dire, il lui fallait un prétexte qui ne fût pas de pure connaissance, mais de nécessité économique : ce fut d'ouvrir une route maritime pour l'étain. On savait qu'en le mélangeant avec du cuivre on obtenait

---

1. H. Journès, Y. Georgelin et J.-M. Gassend, *Pythéas*, Ollioules (Var), Les Éditions de la Nerthe, 2000.

du bronze, alliage précieux par ses propriétés métallurgiques : on peut le mouler sous toutes les formes et obtenir des pièces résistantes et peu oxydables, offrant à qui en maîtrise la technologie une position dominante. Or, si l'on connaissait des mines de cuivre à proximité de la Grèce, ce n'était pas le cas de l'étain, dont les gisements étaient beaucoup plus lointains, en Asie Mineure et en Cornouailles. Aller vers le Nord permettait en outre de rapporter de l'ambre, cette résine fossile à laquelle on prêtait des propriétés magiques, et qu'on trouve en mer Baltique. Ce voyage fabuleux le conduisit à longer et à remonter les côtes atlantiques.

C'est là qu'il fit sa première découverte : celle de marées terrestres atteignant des amplitudes qui lui étaient jusque-là inconnues, lui, le Méditerranéen. Intrigué, il mesura avec précision la durée séparant les marées : il observa qu'elles se produisaient avec près d'une heure de retard chaque jour. Ce qui est remarquable, c'est qu'il comprit que cela correspondait au décalage, dans le ciel, de la position de la Lune : d'un soir à l'autre, il faut attendre 50' pour qu'elle se retrouve à la même position dans le ciel, et c'est alors que les marées retrouvent un même niveau. Les marées sont donc synchronisées avec la position relative de la Lune et de la Terre. De plus, il apprit des riverains que la hauteur des marées n'était pas constante, mais passait par des stades de grandes marées : il serait bien resté sur place pour en étudier la récurrence, mais cela risquait de mettre en péril l'objet principal de son périple, qui était d'atteindre Thulé à temps pour y voir le Soleil ne pas se coucher. Il se contenta de caractériser le phénomène par la seule discussion avec les habitants dont il parlait la langue. Il se convainquit que la Lune était la première responsable des marées, et que, en outre, de ses phases dépendait leur amplitude : le Soleil jouait un rôle, mais secondaire.

Depuis, bien évidemment, les idées de Pythéas ont été validées, et les principes physiques des marées ont été explicités dès lors que les lois de la gravitation étaient établies. Celles-ci font jouer des rôles symétriques à la planète et au satellite : des effets de marées sont engendrés de part et d'autre, mais à des degrés différents reflétant celui des masses relatives en jeu.

L'un des effets majeurs de la Terre sur la Lune se rencontre pour tous les satellites : les forces de marée ont synchronisé les deux mouvements, initialement découplés, de la rotation du satel-

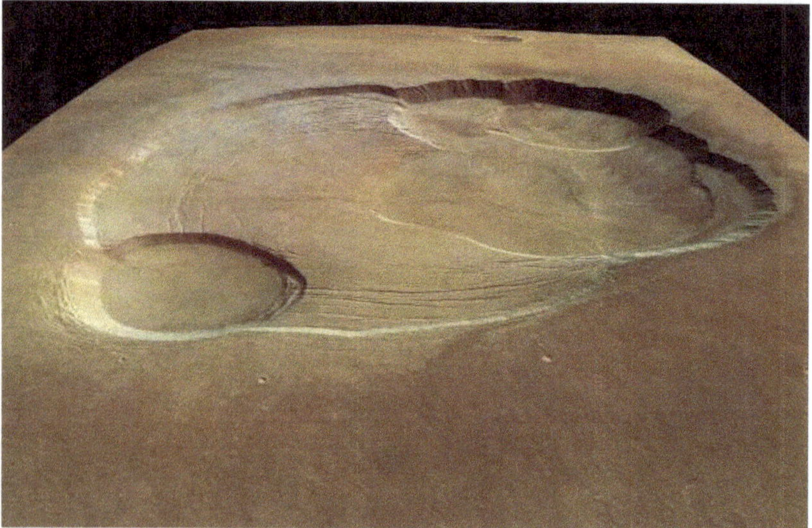

Figures 4 et 5 – Olympus Mons est le plus grand volcan de tout le système solaire. Il couvre un territoire presque grand comme la France, avec plus de 600 km de base et 25 km de hauteur. Il est aujourd'hui éteint, comme en témoigne la présence de cratères d'impacts sur ses flancs et dans sa caldeira, dont la Figure 5 offre une vue en perspective.

Figures 6 et 7 – Deux images en perspective de Valles Marineris, fournies par la caméra stéréoscopique HRSC à bord de la sonde Mars Express.

lite sur lui-même et de sa révolution orbitale autour de la planète. Le résultat est que la Lune pointe toujours la même face vers la Terre, comme c'est le cas de tous les satellites par rapport à la planète autour de laquelle ils gravitent.

L'attraction gravitationnelle de la planète crée sur le satellite deux bourrelets équatoriaux symétriques, alignés sur le centre de la planète. Entraîné par la rotation du satellite, leur axe tend à se déplacer, alors que la planète, par son attraction, le force à rester dans l'alignement de son centre. Il en résulte d'énormes frottements, qui ralentissent la rotation du satellite. La situation ne devient stable que lorsque la durée d'une rotation complète du satellite sur lui-même égale celle de sa révolution autour de la planète : les bourrelets gardent la même position tout en pointant en permanence vers le centre de la planète. C'est ce qui se passe pour la Lune. Elle tourne bien sur elle-même, mais elle effectue un tour dans le même temps qu'elle accomplit une révolution entière autour de la Terre : on n'en voit qu'une face.

De fait, la Lune ne tourne pas à proprement parler autour du centre de la Terre, mais autour du centre de gravité du système Terre-Lune ; compte tenu des masses en jeu, ces points sont décalés de plus d'un demi-rayon terrestre. La Terre tourne elle-même autour de ce point : ce n'est ni la Lune qui tourne autour de la Terre ni la Terre qui tourne autour de la Lune, mais l'une et l'autre tournent ensemble autour de ce point. Le temps d'une révolution complète définit le *mois*. Indépendamment, la Terre tourne sur elle-même en un *jour* terrestre. C'est à Pythéas qu'on doit de l'avoir découpé en 24 *heures* égales.

Cette symétrie du mouvement de la Terre et de la Lune se retrouve dans le phénomène des marées, qui joue également de la Lune vers la Terre, mais avec une moindre efficacité, car la Lune est bien moins massive que la Terre. Le mouvement des marées océaniques produit un frottement qui ralentit la rotation de la Terre. Cela se traduit par une très lente augmentation de la durée du *jour*, de quelques millisecondes par siècle. Cette augmentation cessera, et le système Terre-Lune sera parfaitement stabilisé, lorsque la Terre fera elle aussi un tour sur elle-même dans le même temps qu'elle fera un tour autour de la Lune — c'est-à-dire autour du centre de gravité du système : le jour terrestre et le mois lunaire seront alors de même durée, voisine de près de deux mois actuels. La Terre pointera toujours la même face vers la Lune, qui ne sera visible que depuis une moitié de la Terre seulement. Les seules marées terrestres qui subsisteront, dues au Soleil, ne se produiront qu'une fois par jour d'alors. Une telle situation ne serait atteinte que dans plusieurs centaines de milliards d'années…

L'origine des marées terrestres a donc été élucidée dès l'Antiquité, ses effets compris et généralisés beaucoup plus récemment. Ce dont Pythéas n'avait pas conscience, c'est que l'influence de la Lune sur la Terre ne se borne pas aux marées océaniques. Elle limite également les variations de l'obliquité, celle-là même qu'il a mesurée lors de son voyage jusqu'aux terres polaires de Thulé qui lui a permis de découvrir, en chemin, l'origine des marées.

Par sa gravité, la Lune joue effectivement un rôle important pour la Terre, symétrique de l'effet qu'exerce la Terre sur elle, et bien différent de celui que lui prête l'astrologie : la Lune contrôle les variations de l'obliquité de la Terre, et par là contribue de manière importante à la stabilité de son climat.

Les caractéristiques de la rotation de la Terre sur elle-même sont le résultat des collisions multiples subies au début de l'histoire planétaire. Les paramètres qui la définissent, c'est-à-dire sa période et son obliquité, ne sont pas parfaitement fixes dans le temps ; c'est également le cas de ceux qui définissent sa révolution annuelle autour du Soleil, c'est-à-dire l'excentricité et la taille de l'ellipse dont il est un foyer. Leur lente évolution dans le temps est à l'origine des changements climatiques à grande échelle : ils se traduisent par l'alternance de phases de glaciation et de réchauffement sur des périodes de dizaines de milliers d'années.

L'une des causes principales en est le mouvement de l'axe de rotation diurne de la Terre, dit de *précession*. Il tourne lentement, comme celui d'une toupie, en un peu moins de 26 000 ans, décrivant un cône dont l'angle au sommet, l'obliquité, reste à peu près constant. L'étoile Polaire, l'étoile la plus proche de l'axe des pôles terrestres qui définit la direction du nord terrestre, sera dans 13 000 ans l'étoile Véga de la constellation de la Lyre. L'étoile Polaire actuelle, qui se trouve à l'extrémité de la Petite Ourse, le redeviendra 13 000 ans plus tard.

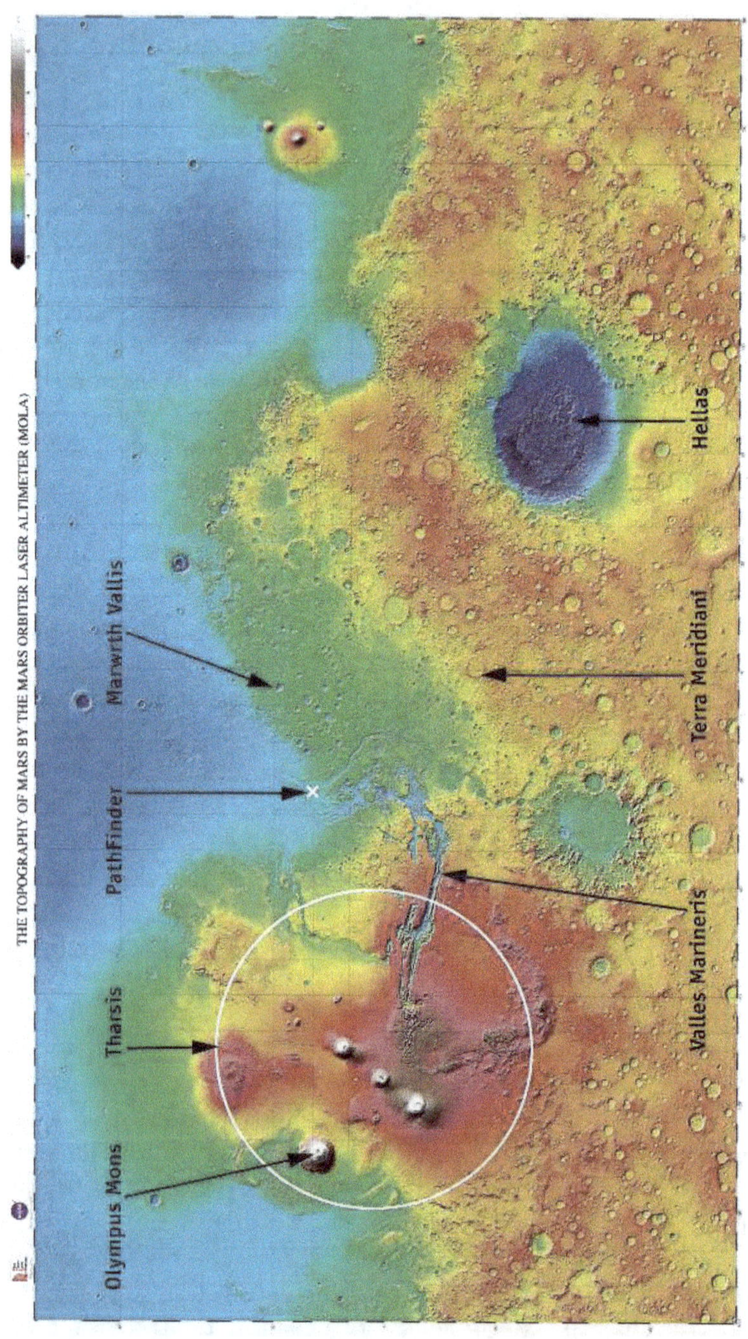

Figure 8 – Carte de Mars, dont les couleurs, identiques à celles de la Figure 3 (haut) représentent l'altimétrie. Par rapport aux terrains bleus, les verts sont de 3 km plus élevés, les jaunes encore 2 km au-dessus, et les rouges s'élèvent à plus de 3 km de ces derniers.

Figure 9 – Image d'artiste de ce qu'aurait pu être Mars, dans le passé, si un océan avait recouvert ses plaines de basse altitude. Cette représentation est remise en question actuellement : après que les volcans eurent apparu, et que Valles Marineris se fut ouverte, l'eau liquide n'était vraisemblablement plus stable en surface. Si Mars fut recouverte d'océans, ce fut dans une phase antérieure, dont les vestiges doivent être recherchés dans les terrains cratérisés et non dans les plaines du Nord.

En ce qui concerne le climat terrestre, l'effet principal de ce mouvement est de changer la dépendance de l'amplitude de la variation annuelle de l'ensoleillement avec la latitude. Cela provient de ce que l'orbite de la Terre n'est pas strictement circulaire, mais légèrement elliptique. Déjà, plusieurs siècles avant notre ère, des astronomes grecs avaient mesuré, prouesse impressionnante, des durées différentes pour les quatre saisons, de 4 jours plus longues au printemps et en été qu'en automne et en hiver. La distance au Soleil change effectivement lentement au cours de l'année. Il se trouve que c'est le 3 janvier, donc l'hiver dans l'hémisphère Nord, que la Terre est au plus près du Soleil – elle est au *périastre* ; elle en reçoit donc plus d'énergie. C'est six mois plus tard, début juillet, qu'elle en est le plus éloignée – elle est à l'*apoastre*. La variation n'est pas très grande, puisque les changements de distance ne sont que de 3,5 %. En termes d'énergie reçue, pour laquelle c'est le carré de la distance qui compte, la Terre reçoit donc 7 % d'énergie solaire en plus lorsqu'elle est au périastre que lorsqu'elle est à l'apoastre. Le Soleil la chauffe davantage lorsque c'est l'hiver dans l'hémisphère Nord, où se situe la majorité des continents. La configuration actuelle diminue donc fortement les écarts de température entre hiver et été. En revanche, le mouvement de précession, couplé à l'évolution de l'orbite terrestre, inverse cette situation sur une période d'environ 22 000 ans. Il en résulte des variations de la température à la surface de la Terre : il y a un peu plus de 10 000 ans, elle était en moyenne de 5 °C inférieure à ce qu'elle est aujourd'hui. De telles évolutions, sur des périodes qui se chiffrent en milliers d'années, sont importantes mais supportables pour les espèces vivantes, qui peuvent s'y adapter, ou éventuellement migrer. On sait qu'avec la diminution de la température, l'augmentation du volume des glaciers polaires et l'abaissement corrélé du niveau des océans certains détroits, tels celui de Béring, ont pu être franchis à pied : c'est ainsi qu'aurait été peuplé l'ensemble du continent américain, depuis la Sibérie.

Les changements climatiques actuels pourraient produire des augmentations de température du même ordre de grandeur, mais sur des échelles de temps considérablement plus brèves, qui se chiffrent en décennies. C'est la rapidité du phénomène qui met en question la capacité du système à ne pas s'emballer.

Si l'on ne prend pas en compte ces variations contemporaines, celles qui sont liées aux causes astronomiques décrites précédemment demeurent somme toute limitées en termes d'écarts de température : elles correspondent principalement au mouvement de toupie de l'axe de rotation de la Terre, qui s'effectue en maintenant presque constante l'obliquité. Tout autres seraient les conséquences de changements rapides de l'obliquité elle-même. Sur Terre, celle-ci reste pratiquement constante ; elle ne varie que de 21,8 degrés à 24,4 degrés environ sur une période de 41 000 ans. Cette très faible amplitude a un résultat majeur : l'insolation évolue peu, puisqu'elle dépend essentiellement de l'angle d'inclinaison des rayons solaires sur une région donnée. Si l'inclinaison fluctuait beaucoup plus, par exemple si les pôles basculaient dans le plan de l'écliptique, on imagine que les changements climatiques seraient beaucoup plus violents ! L'équipe conduite par Jacques Laskar à l'observatoire de Paris a montré que c'est précisément la Lune qui, par l'influence de sa gravité, réduit considérablement les variations de l'obliquité de la Terre : elle a empêché que les résonances chaotiques ne provoquent de fortes oscillations de l'axe de rotation de la Terre. La Lune a donc joué un rôle de stabilisateur du climat de la Terre, en y limitant les fluctuations de température, en favorisant le maintien des océans, et les évolutions réclamant une certaine constance dans la durée.

L'existence de la Lune pourrait donc compter parmi les facteurs de l'émergence et de l'évolution du monde vivant ; et ce facteur semble peu fréquent, traduisant la faible probabilité de former par impact ou capture un satellite de masse sinon comparable à celle de la planète autour de laquelle il gravite, du moins suffisamment élevée, en valeur relative, pour jouer un rôle gravitationnel important sur elle. Le système Terre-Lune est très particulier dans le système solaire : c'est presque un système double.

Mars a bien deux satellites, Phobos et Deimos, mais leur masse est très faible comparée à la sienne : Phobos, le plus grand, a moins de 25 kilomètres dans sa plus grande dimension. Il n'a pu jouer aucun rôle dans l'évolution dynamique, et donc climatique de la planète.

L'origine de Phobos et de Deimos demeure mystérieuse. Leur composition est très différente de celle de Mars ; elle ressemble à celle d'astéroïdes primitifs. Pourrait-il s'agir de deux d'entre eux,

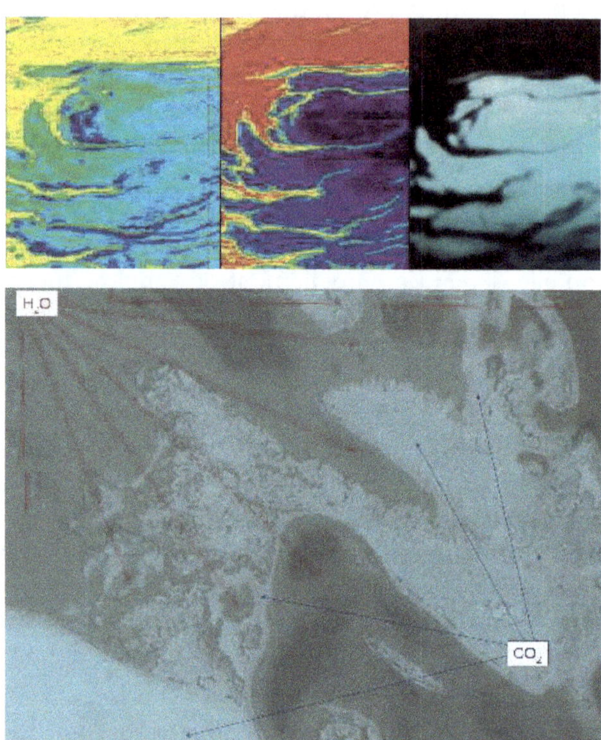

Figure 10 – L'image triptyque du haut illustre les premiers résultats de la mission Mars Express acquis par l'instrument OMEGA. À droite apparaît l'image visuelle de la calotte polaire Sud. Au centre et à gauche sont deux images infrarouges de la même zone, où les couleurs représentent l'abondance de la glace carbonique (au centre) et de la glace d'eau (à gauche) : en bleu lorsqu'elle est maximale, décroissant en vert, en jaune, puis en rouge lorsqu'elle est nulle. La comparaison montre que ce qui est clair sur l'image de droite est du CO_2, entouré d'eau (bleu, vert et jaune). L'infrarouge, contrairement au visible, permet d'identifier la composition. Un zoom (en bas) montre que ce qui brille (le CO_2) constitue un film très mince, posé sur un vaste glacier d'eau qui n'apparaît pas dans l'image visuelle, car celle-ci est mélangée à des grains minéraux sombres. Les deux calottes polaires martiennes sont de grands réservoirs d'eau gelée (voir page 143).

que leur trajectoire a fait passer près de Mars qui les aurait alors capturés par attraction gravitationnelle ? Même de « petits » objets comme ceux-ci ne peuvent devenir captifs et orbiter sans perdre de grandes quantités d'énergie ; on ne comprend pas bien comment cela a pu s'effectuer.

Ces deux objets pourraient également résulter d'un impact sur Mars, mais d'amplitude moindre que celui qui a formé la Lune, conduisant à l'accrétion de deux satellites de petites dimensions. En conséquence, ils n'auraient pas stocké suffisamment d'énergie pour se différencier, et apparaîtraient comme des objets « primitifs ».

Petits corps capturés par Mars ou formés à la suite d'un impact géant ? L'origine de Phobos sera passée au crible lorsqu'on pourra analyser directement des échantillons qui auront été prélevés à sa surface puis rapportés sur Terre : c'est l'objectif ambitieux de la mission Phobos-Grunt que la Russie espère lancer fin 2011.

Mers lunaires et martienne

On ne sait donc pas avec certitude si Mars a subi, tôt dans son histoire, un impact du type de celui qui, sur Terre, a conduit à la formation de la Lune. Peut-être est-ce à un tel impact qu'on doit la forte dissymétrie des terrains de bien plus faible altitude au Nord qu'au Sud, et l'existence de Phobos et de Deimos. Pour autant, dans les conditions martiennes, cet impact éventuel n'a pas provoqué la formation d'une lune massive dont les effets se seraient fait sentir sur le mouvement de la planète : on a toutes les raisons de penser qu'en conséquence, sans lune stabilisatrice, Mars a vu, au cours de son histoire, son obliquité fluctuer considérablement.

L'équipe de Jacques Laskar a montré récemment, par des simulations numériques, que l'obliquité de Mars a effectivement dû passer par un mode d'oscillations variant de 25 degrés à plus de 45 degrés sur des périodes brèves il y a seulement quelques millions d'années. François Forget et d'autres spécialistes du Laboratoire de météorologie dynamique (LMD) à Paris en ont évalué les conséquences climatiques possibles. L'un des résultats est le déplacement des glaces polaires sur des terrains de plus basses latitudes, moyennes, voire tropicales : des couches gelées pourraient s'être formées sur des sites aujourd'hui désertiques, comme les flancs ouest des volcans de Tharsis dont nous parlerons plus loin, ou les rives est du bassin d'Hellas. De rapides changements de température pourraient ensuite les avoir fait fondre, produisant des écoulements qui ont laissé des structures caractéristiques.

L'une des différences importantes entre Mars et la Terre est donc l'absence, pour la première, de lune de masse suffisamment importante pour empêcher son obliquité de passer par des phases d'oscillations importantes. On commence à les prendre en compte pour retracer l'évolution du climat martien.

Peut-être résultat d'un impact géant, la dichotomie martienne est la principale propriété topographique globale qui s'observe. Elle s'accompagne d'une seconde caractéristique, visible sur l'image de la Figure 3 (voir page 37) : les plaines du Nord sont essentiellement lisses, sans cratères, alors qu'à peu près un hémisphère présente une surface qui en est totalement criblée. Ainsi, la moitié seulement de la surface a été remodelée : l'autre est toujours couverte de cratères datant du bombardement primordial. Pour la Lune, la proportion est beaucoup plus élevée : ces cratères sont préservés sur 80 % de sa surface. Ils constituent les terrains clairs qui couvrent une très grande partie de la face visible et la quasi-totalité de la face cachée. Par la densité de cratères, ils contrastent fortement avec les terrains sombres, qui en portent beaucoup moins. Ceux-ci sont qualifiés de *mers* – très improprement, car ni leur existence ni leurs propriétés ne sont en quoi que ce soit reliées à l'eau, qui a toujours été absente de la Lune.

La formation des *mers lunaires* constitue la principale manifestation d'une activité interne : leur étude a permis de déterminer certains principes fondamentaux du fonctionnement d'une machine planétaire. La datation de roches provenant des mers lunaires montre que celles-ci ont commencé de se former il y a un peu moins de 3,9 milliards d'années, et que cette formation s'est étendue sur quelques centaines de millions d'années. En revanche, on n'a trouvé aucune roche qui se serait cristallisée depuis environ 3,1 milliards d'années. La formation des mers lunaires représente un épisode très limité dans le temps.

Si les mers sont sombres et les plateaux clairs, c'est avant tout qu'ils se distinguent par leur composition : on l'a constaté par des mesures précises faites aussi bien sur les échantillons rapportés de la Lune qu'avec des instruments d'analyse en orbite. Les plateaux sont composés de roches d'assez faible densité, constituées principalement d'une famille particulière de *silicates* – assemblages de silicium et d'oxygène –, contenant des éléments légers, tels que l'aluminium : ce sont des *feldspaths*, où domine l'*anorthose*. Ces minéraux sont assez clairs. Les *mers* en revanche, plus sombres, sont de densité plus élevée ; les silicates, ainsi que d'autres minéraux, contiennent plus d'éléments lourds, comme du fer et du titane : ils proviennent de la solidification du magma profond, monté en surface.

Pourquoi les terrains plus profonds sont-ils plus riches en métaux plus lourds ? La Lune, lors de sa formation par accrétion, a été très fortement chauffée par l'énergie qu'ont dissipée les collisions, au point d'être entourée d'un océan de magma, fait de roches en fusion. La gravité a alors effectué une différenciation minéralogique, suivie d'une recristallisation alors qu'elle se refroidissait en rayonnant vers l'espace : le résultat est l'apparition en surface des minéraux les plus légers, qui constituent cette croûte claire, à dominante anorthositique. Les matériaux plus denses, aux éléments plus lourds, se sont accumulés sous la croûte.

Une fois cette croûte solidifiée, l'intense bombardement primordial l'a recouverte de cratères, dont une dizaine de 1 000 kilomètres de diamètre et de plusieurs dizaines de kilomètres de profondeur – on les nomme alors des bassins. Plus tard, lorsque du magma s'est mis à monter vers la surface, il a atteint et rempli les fonds des cratères les plus accessibles, c'est-à-dire les plus larges et donc les plus profonds. Venant de régions internes, le fluide était plus riche en éléments lourds : en se solidifiant, il a donné naissance à des minéraux plus denses – qui se trouvent être plus sombres que ceux des plateaux clairs environnants.

Les mers lunaires sont beaucoup moins cratérisées, ce qui indique qu'elles sont plus jeunes que les plateaux clairs : elles se sont formées après l'arrêt du bombardement primordial. Le taux de bombardement a en effet considérablement chuté après cet épisode, d'un facteur supérieur à 1 000 ; les terrains formés ultérieurement ont donc enregistré beaucoup moins d'impacts.

C'est ainsi que se sont formées les mers lunaires, qui procèdent donc d'un remplissage relativement tardif de bassins préalablement formés : il a fallu plusieurs centaines de millions d'années pour que ces couches profondes, rendues fluides et mobiles, commencent à monter par *convection* vers la surface.

La *convection* est l'une des trois façons qu'a l'énergie de se propager. La première est le *rayonnement* : tout objet perd de l'énergie en rayonnant vers l'espace qui l'entoure. Autant ce processus est important, par exemple pour une surface solide en contact avec une atmosphère, autant il est négligeable à l'intérieur d'un corps rocheux. La deuxième, la *conduction*, consiste en une diffusion d'énergie dans un objet en déséquilibre thermique. Prenons le cas d'une barre solide, dont une extrémité est plus chaude que l'autre. Laissée à elle-même, elle va équilibrer sa température, la partie chaude refroidissant en évacuant de l'énergie vers les zones plus froides, qu'elle échauffe jusqu'à ce que la température devienne égale. La température s'homogénéise par transfert d'énergie, sans déplacement de matière. Ce mécanisme est peu efficace. La *convection* l'est beaucoup plus, mais elle exige des conditions particulières : le transport s'effectue par le mouvement de la matière elle-même. La matière chaude se déplace vers la matière froide, avec laquelle elle échange son énergie, tandis qu'en retour la matière froide plonge dans les parties chaudes. La convection s'opère donc par le biais de courants de matière, ce qui exige que celle-ci soit suffisamment fluide. La vitesse des échanges est celle du déplacement de la matière elle-même.

Ce sont de tels courants qui agitent l'eau d'une casserole chauffée sur une cuisinière : en quelques minutes, l'ensemble de l'eau est chauffé. Si seule la conduction était possible, il faudrait des jours pour que l'énergie apportée en bas de la casserole atteigne le haut du volume d'eau en contact avec l'air à température ambiante.

Les courants de convection proviennent de ce que, chauffée, la matière devient moins dense, plus légère ; la gravité, qui attire vers le bas ce qui est plus dense, entraîne donc ce qui est plus chaud dans un mouvement ascendant. Celui-ci se poursuit tant que la densité reste inférieure à celle du milieu environnant. Le mouvement ascensionnel peut ne pas s'arrêter.

La formation des mers lunaires relève ainsi d'un double processus : le creusement par impacts de bassins de grandes dimensions, suivi de leur remplissage par du magma monté des profondeurs.

La formation de mers s'est-elle limitée à la Lune ? Mars a-t-elle connu, comme notre satellite, un remplissage par la lave de bassins d'impact, c'est-à-dire la formation d'une ou de plusieurs mers ? Il semble bien que les plaines du Nord qui constituent Vastitas Borealis aient été comblées par un tel processus. Elles forment ce qu'on peut appeler en conséquence la *mer martienne*.

Tout comme pour la Lune, ce terme ne fait référence à aucune présence ni activité aqueuse, mais au remplissage par de la lave d'un gigantesque bassin. Ce remplissage a épargné les terrains les plus élevés : c'est pourquoi la moitié de Mars est encore recouverte des cratères d'impacts primordiaux.

Il y a une différence importante entre les mers lunaires et la mer martienne. La formation de celle-ci ne constitue pas la dernière manifestation de son activité interne : des volcans géants témoignent qu'elle s'est poursuivie bien au-delà. Pour la Lune en revanche, il n'y a plus eu d'autres manifestations de l'activité interne qui soient venues modifier sa surface : ni volcanisme ni tectonique. Une fois les mers formées, depuis plus de 3 milliards d'années, la Lune est géologiquement morte. Seul le bombardement météoritique poursuit le modelage de sa surface, par un bêchage incessant, quoique de très faible amplitude : il retourne de l'ordre de un millimètre par million d'années. Les pas des astronautes resteront visibles des millions d'années encore.

C'est ainsi que la surface lunaire s'est progressivement recouverte d'un *régolite* d'une dizaine de mètres d'épaisseur, couche de débris de grains de toutes tailles, formée par l'érosion de roches soumises aux impacts de *météorites* et par l'empilement des strates éjectées des cratères.

L'analyse des échantillons de mers lunaires a permis de quantifier ces processus, en datant ces épisodes et en mesurant les taux d'impacts. L'existence et la caractérisation des mers lunaires nous renseignent ainsi sur ce que fut la période succédant au *bombardement primordial* : celle du *bombardement météoritique*, qui dure jusqu'à ce jour et affecte l'ensemble des objets planétaires depuis leur formation.

Formées après le bombardement primordial, les mers lunaires et la mer martienne sont en effet cratérisées par un bombardement d'une autre origine : celui des météorites qui heurtent tous les objets du système solaire interne depuis plus de trois milliards d'années, et continuent de le faire à un rythme vraisemblablement constant en moyenne.

Les météorites qui tombent sur Terre sont une aubaine pour les scientifiques, qui y trouvent de quoi analyser de la matière extraterrestre sans avoir à la chercher sur leurs corps d'origine. Pour l'essentiel, les météorites proviennent d'une famille d'objets, les *astéroïdes*, dont l'existence et l'évolution sont remarquables. Plusieurs dizaines de milliers en ont été observés et catalogués. Le Petit Prince serait venu de l'un d'entre eux…

On explique l'existence des astéroïdes de la manière suivante. Comme on l'a vu, les planètes se sont formées par accrétion progressive d'objets de plus petite taille, dont les chocs se sont produits à vitesse suffisamment faible pour que l'impact ne les détruise pas. Par ce processus, une planète était en train de se construire, au-delà de l'orbite de Mars, à environ 2,5 unités astronomiques (l'*unité astronomique* est la distance moyenne entre la Terre et le Soleil), quand Jupiter, deux fois plus éloigné du Soleil, s'est mis à grossir au point de devenir la plus massive des planètes du système solaire : sa masse est trois cents fois plus élevée que celle de la Terre. Une telle masse a fortement perturbé l'évolution des objets les plus proches, créant des instabilités gravitationnelles qui ont modifié leurs trajectoires. Dès qu'un objet se trouve avoir une période orbitale en rapport simple avec celle de Jupiter, il entre en résonance et quitte violemment son orbite initiale pour s'en aller heurter un autre objet, ou finalement plonger dans le Soleil et y disparaître. Pour les milliards d'objets de toutes tailles, depuis des grains microscopiques jusqu'à des objets de quelques centaines de kilomètres, en train de s'accréter pour former une planète entre Mars et Jupiter, celle-ci a empêché que le processus n'aille à son terme. La majeure partie des blocs rocheux a été éjectée hors de leur zone de formation ; n'y est restée qu'une petite fraction, dont la masse intégrée, telle qu'on l'estime, serait inférieure au dixième de celle de la Lune. Ces objets constituent une « ceinture » d'objets innombrables, les *astéroïdes*, dont l'essentiel se situe entre 2,5 et 3 unités astronomiques du Soleil. Les plus gros se nomment Cérès, Pallas, Vesta, Hygée ; plus de 100 000 ont déjà été répertoriés. Il y en a des milliards, mais seule une centaine dépasse les 100 kilomètres de diamètre.

La ceinture des astéroïdes est donc une zone d'accumulation de planétésimaux maintenant jusqu'à ce jour leur dynamique collisionnelle. En mouvement rapide sur des orbites proches, dans le champ de gravité du Soleil perturbé par Jupiter et Saturne, il arrive fréquemment aux astéroïdes de s'entrechoquer. Lors de ces chocs, des fragments sont expulsés et voyagent à travers le système solaire. Certains croisent d'autres planètes ou satellites, comme la Terre : ils constituent l'essentiel des *météorites* qui la frappent.

Ce *bombardement météoritique* est d'intensité beaucoup plus faible, de plus d'un facteur mille, que celle du *bombardement primordial* qui l'a précédé. Il est toutefois suffisant pour que les surfaces qui ont été exposées pendant des millions et *a fortiori* des milliards d'années accumulent des cratères dont la densité est mesurable. Comme les mers lunaires sont restées sans activité depuis plus de trois milliards d'années, elles constituent de gigantesques détecteurs permettant d'étudier et de caractériser ce bombardement, que l'on pense assez stable dans le temps sur de longues périodes.

De nombreuses analyses ont été effectuées ; elles ont permis de déterminer ce flux de météorites en fonction de leur taille. Ces distributions sont très utiles. Elles ont deux applications principales. Tout d'abord, elles permettent d'évaluer la fréquence d'impacts par un objet d'une taille donnée : heureusement, ils sont d'autant plus rares qu'ils sont grands. Par exemple, il tombe sur la France, chaque année, environ une dizaine de météorites de 1 kilogramme, grosses comme le poing. En général, on ne les retrouve pas, tant est faible la probabilité qu'elles parviennent au sol dans une région habitée ; et la taille du cratère d'impact est très inférieure au mètre. Une très grosse météorite, d'une dizaine de mètres, est, elle, capable de faire un cratère de plusieurs centaines de mètres : de quoi raser un village. Heureusement, il n'en arrive pas plus d'une tous les 25 000 ans sur l'ensemble des terres émergées. L'une des dernières a creusé le Meteor Crater de l'Arizona, il y a quelque 50 000 ans : l'humanité à cette époque, celle du paléolithique moyen, bien avant la naissance d'*Homo sapiens*, a peu de chance d'en avoir été le témoin : elle n'avait probablement pas encore investi le continent américain...

Pour les objets rocheux de quelques kilomètres, la probabilité d'un impact sur Terre descend à un tous les 50 à 100 millions d'années. Les effets à la surface et dans l'atmosphère peuvent être considérables, par l'énergie libérée au moment de l'impact et la quantité de matière éjectée. Très fortement chauffée, l'atmosphère peut embraser l'essentiel de la végétation et enrichir ainsi l'atmosphère en carbone et en suie : comme si l'éruption du Vésuve qui a englouti Pompéi sous ses cendres incandescentes se produisait à l'échelle de la Terre entière. Le nuage de gaz, d'aérosols et de grains, qui se répartit tout autour de la Terre, obscurcit considérablement la lumière solaire pendant plusieurs saisons. La température chute d'un coup de 5 à 10 °C, des variations supérieures à celles des grandes glaciations. La Terre s'enfonce dans un hiver polaire des années durant. Tout d'abord brûlée, puis incapable de se reproduire en l'absence de lumière suffisante, une grande partie de la végétation disparaît, et avec elle nombre d'espèces animales. On le sait, ce scénario a été proposé pour rendre compte de la disparition brutale des dinosaures, il y a quelque 65 millions d'années.

On a trouvé, dans des strates sédimentaires datant de cette époque, un excès de certains éléments, comme l'iridium : ils sont très rares à la surface de la Terre où ils restent enfouis dans le manteau et le noyau – éléments *sidérophiles*, ils ont suivi la migration du fer lors de la différenciation minéralogique. Deux scénarios ont été proposés pour rendre compte de ces excès. Pour l'un, ils s'expliqueraient par une violente éruption volcanique, alimentant l'ensemble de la surface de la Terre en éléments profonds. Les *traps* du Décan, des dépôts d'épanchements volcaniques accumulées sur plus de 2 000 mètres dans l'ouest de l'Inde à cette époque, en seraient le résultat. Pour d'autres, l'extinction serait due à l'impact d'un objet extraterrestre qui aurait été riche en éléments sidérophiles. Certains pensent même avoir identifié le cratère d'impact, de deux cents kilomètres de diamètre, laissé par cet événement, près du village de Chicxulub dans la presqu'île mexicaine du

Yucatán. Cette disparition massive a laissé la voie libre au développement des mammifères, dont est issue la lignée humaine...

Les impacts par des objets de grandes dimensions pourraient être responsables des changements de type catastrophique qui ont jalonné l'histoire de la Terre, en particulier celle du monde vivant, qui a connu plusieurs grandes extinctions.

La seconde application des courbes de distribution statistique des cratères d'impacts est géologique : leur nombre et leur taille, mesurés sur un terrain planétaire donné, indiquent le temps pendant lequel ils s'y sont accumulés. Ces mesures permettent donc de dater le dernier événement géologique à partir duquel cette zone est restée en place en l'état. C'est ainsi que sont effectuées la plupart des datations d'événements planétaires lorsqu'on ne dispose pas d'échantillons permettant une mesure précise par analyse isotopique en laboratoire. On évalue, sur des images, le nombre et la taille des cratères, que l'on compare aux densités lunaires, étalonnées par les mesures précises effectuées en laboratoire sur les échantillons lunaires. On en déduit le temps durant lequel la surface a accumulé les impacts sans qu'une activité géologique en ait effacé la trace. Par exemple, la mesure de la densité de cratères d'impacts sur les flancs d'un volcan, à la surface de Mars, permet de dater la dernière éruption volcanique. Une activité récente se repérera par une surface lisse, qui n'a pas eu le temps de recevoir beaucoup de météorites. En revanche, une éruption ancienne se déduira de l'existence de nombreux cratères. C'est ainsi que l'imagerie planétaire permet de dater les structures qu'elle met en évidence.

Cet exemple illustre le mode opératoire de la planétologie comparée. Le couplage entre l'observation de la Lune depuis son orbite et les analyses effectuées en laboratoire d'échantillons rapportés par les missions Apollo (habitées) et Luna (automatiques) a permis d'établir une relation entre la distribution du nombre et de la taille des cratères d'impact à la surface d'une unité géologique, et son âge. Cette relation peut ensuite être extrapolée à tout autre objet pour lequel seule l'imagerie à distance est disponible : la caractérisation du niveau de cratérisation mesuré dans une région donnée permet d'en dater la formation. C'est ainsi que, pour Mars, on a obtenu une datation relative des principaux événements qui ont jalonné son histoire.

Mars : une planète bleue ?

La surface de Mars est marquée par des volcans qui présentent une double caractéristique : ils sont peu nombreux, comparés aux milliers de volcans terrestres, dont la plus grande partie se situe au fond des océans, le long des dorsales ; ils sont en général de très grandes dimensions, culminant parfois à plus de 20 000 mètres et s'étalant sur plusieurs centaines de kilomètres. Ils témoignent d'une intense activité. Par comparaison, la Lune n'a aucun volcan de ce type : comme on l'a vu, l'activité interne s'est réduite à la formation des mers lunaires par remplissage de lave des bassins d'impact les plus profonds. Pour Mars au contraire, l'activité s'est également traduite par des éruptions volcaniques dont témoignent ces structures géantes.

Ces volcans sont du type de ce que les géologues appellent, sur Terre, *volcans boucliers*, de faible pente sur de grandes distances. Ils résultent de l'empilement de lave issue de *points chauds* dans le manteau terrestre : autour de ces zones se forment des instabilités qui engendrent des courants ascendants de lave. Les volcans terrestres qui en résultent se présentent fréquemment sous forme d'archipels océaniques. C'est le résultat de la tectonique des plaques, qui impose un mouvement continu aux plaques lithosphériques : celles-ci, percées par des éruptions en saccades, servent de socle à des volcans : formés à des périodes espacées dans le temps, ils se trouvent ainsi déplacés par les plaques qui les portent. Si leur altitude dépasse la profondeur des océans, ils émergent en îles alignées.

Sur Mars, les volcans ne se sont pas distribués en chapelets ; au contraire de la Terre, les éruptions se sont empilées sur un socle immobile. C'est pourquoi ils sont de taille si impressionnante : il n'y a pas de tectonique de plaques. On l'explique par la faible taille de Mars, ou par la sécheresse de son manteau, le degré d'hydratation du magma étant un paramètre important de son mouvement de convection. Cela expliquerait également que Vénus, dont le manteau a été fortement déshydraté, n'a pas connu de tectonique de plaques : l'essentiel de l'énergie interne aurait été évacué par la remontée de laves dans d'innombrables volcans.

L'absence de tectonique de plaques sur Mars a d'autres effets. Par exemple, il n'y a pas de montagnes, au sens strict. Sur Terre, celles-ci résultent du choc de continents, emportés par des plaques en mouvement jusqu'aux zones de *subduction*, où elles se heurtent frontalement, de sorte que l'une passe au-dessous de l'autre en retournant au manteau. Les continents, qui constituent un matériau plus léger, restent en surface. De densité moindre, ils flottent sur les plaques ; ils sont insubmersibles, tels des matelas pneumatiques sur l'eau. Quand deux continents en mouvement contraire arrivent en contact et se heurtent, la zone d'affrontement se soulève : des montagnes se forment. Les Alpes procèdent du choc des plaques africaine et eurasienne. La chaîne de l'Himalaya et le plateau du Tibet résultent de la dérive de l'Inde, morceau de la plaque africaine qui s'en est détachée il y a un peu plus de 200 millions d'années, pour venir heurter la plaque eurasienne, provoquant le soulèvement de la plus haute chaîne montagneuse. L'absence de montagnes martiennes témoigne de l'inexistence de tectonique de plaques.

Pour autant, Mars a connu une intense activité interne, que reflètent ses structures de surface caractéristiques. Il s'agit bien de phénomènes *tectoniques*, c'est-à-dire de déformations structurelles sous l'effet de forces internes ; ils sont toutefois distincts de ceux qui ont modelé l'histoire terrestre et se poursuivent aujourd'hui.

Les principaux volcans de Mars, Olympus Mons (voir Figures 4 et 5, page 40) et les trois autres qui se dressent non loin, Ascreus Mons, Pavonis Mons et Arsia Mons, sont situés sur un dôme : le mont Tharsis (voir Figure 8, page 44). Celui-ci, à plus de 5 000 mètres d'altitude, s'étend sur plus de 5 000 kilomètres de diamètre. La formation de cet édifice gigantesque résulte d'une activité volcanique antérieure à celle des volcans eux-mêmes. Associée au remplissage des plaines du Nord, elle constitue de loin le principal événement volcanique qu'a connu la planète.

Quand cet événement a-t-il eu lieu ? La datation des cratères d'impact qu'on détecte sur le dôme de Tharsis donne une réponse. Dans son ensemble, il est essentiellement peu cratérisé : il s'est formé après la fin du *bombardement primordial*, il y a environ quatre milliards d'années.

En ce qui concerne les volcans, les mesures effectuées sur leurs flancs ainsi que dans les *caldeiras* que sont les cônes d'éjection de la lave indiquent à la fois l'époque de formation des édifices volcaniques et celle de l'arrêt du volcanisme. Les volcans sont aujourd'hui éteints ; la distribution de la taille des cratères date de quelques centaines de millions d'années au plus les dernières éruptions volcaniques. Pour certains, ce pourrait être plus récent encore : quelques dizaines de millions d'années. Mars vient juste d'atteindre la mort géologique.

À l'est de Tharsis, un peu au-dessous de l'équateur, s'étend une structure spectaculaire, familière dans les terrains terrestres : un réseau de gorges (*canyons* pour les Anglo-Saxons), s'étalant sur plusieurs milliers de kilomètres de longueur, dans une direction grossièrement est/ouest. Elles peuvent atteindre jusqu'à 10 kilomètres de profondeur et plusieurs dizaines de kilomètres de large. Parce qu'il a été découvert sur les images des sondes Mariner, ce réseau a été baptisé Valles Marineris (voir Figure 8, page 44). Les images de meilleure résolution des sondes Viking, puis de Mars Global Surveyor et de Mars Express (voir Figures 6 et 7, page 41) en ont permis une reconstitution très précise.

Le qualificatif de *gorges*, comme celui de *canyons*, est mal adapté, en ce qu'il peut se prêter à une interprétation erronée, par analogie avec ce que sont les gorges terrestres : celles-ci constituent des structures forgées par érosion aqueuse dans un terrain meuble. Dans le cas de Valles Marineris, il semble bien que l'origine n'en soit pas le travail de l'eau, mais le résultat d'une activité tectonique. Il s'agirait d'un réseau de dépressions et de failles géantes provoquées par la construction du dôme de Tharsis : sa masse a imposé des déformations violentes à la croûte, qui se serait déchirée, creusant de multiples fossés d'effondrement que les géologues appellent des *grabens*. C'est ensuite que, si de l'eau a coulé, elle aurait pu emprunter les chenaux de Valles Marineris. Les géologues planétaires nomment de telles structures des *chasmata*, un *chasma*, « gouffre » en latin, étant lui-même dérivé du grec $\chi\alpha\varsigma\mu\alpha$: « abîme » ; cette terminologie est plus exacte, plus neutre sur l'origine.

Mars a donc connu une activité volcanique tout au long de son histoire, jusqu'aux périodes les plus récentes. La première manifestation est très ancienne, et considérablement plus importante en termes de lave éjectée et de ses effets que l'activité des volcans qui sont apparus ensuite. Il s'agit de la construction du dôme de Tharsis et du remplissage des terrains du Nord.

L'altitude de ces derniers était de plusieurs kilomètres inférieure à celle du reste de la surface : il en est résulté une « mer martienne » analogue aux mers lunaires, formant de vastes plaines lisses s'étendant sur plus de 10 000 kilomètres. Certains auraient bien vu ces plaines de basse altitude devenir le socle d'un océan qui aurait ainsi recouvert une grande fraction de la surface de Mars : Mars aurait-elle été, elle aussi, une planète bleue ?

Est-ce parce qu'elle fut bleue qu'elle est aujourd'hui devenue rouge, rouillée par l'eau de cet océan ancien ?

Si l'existence de Valles Marineris ne traduit pas nécessairement le travail de l'eau, on observe à la surface de Mars de multiples structures qui, elles, semblent témoigner d'écoulements de grandes quantités d'eau.

C'est dans les terrains les plus anciens, modelés par de multiples cratères d'impacts conservés jusqu'à ce jour, qu'on rencontre ce qu'on peut nommer des *structures fluviatiles* (voir l'image de la page 20), tant elles ressemblent à ce que laissent, sur Terre, des écoulements entretenus par un réseau dense d'affluents convergeant vers la rivière ou le fleuve principal. Rien n'indique avec certitude qu'ils aient été dessinés par de l'eau. C'est par analogie terrestre que l'eau en a été tenue responsable. Deux faits plaident en ce sens : d'une part, l'eau est un constituant abondant, qu'on détecte dans une très grande variété de sites partout dans l'Univers, et tout spécialement dans le système solaire. En second lieu, du point de vue de ses propriétés physiques, l'eau est l'un des corps qu'il est le plus facile de maintenir à l'état liquide, surtout si on le compare au dioxyde de carbone CO_2 ou au méthane CH_4.

La stabilité d'un liquide exige des conditions de température et de pression spécifiques. Précisément, il est nécessaire qu'elles soient intermédiaires entre le *point triple* et le *point critique* : en deçà du premier, seuls les états solide et gazeux sont possibles ; au-delà du second, liquide et vapeur se confondent. Pour le méthane, cette double condition se traduit par le fait que l'état liquide ne peut exister qu'à des températures très basses, comprises entre − 182 °C et − 83 °C : c'est le cas actuellement de Titan, mais non de Mars, trop proche du Soleil.

Pour le dioxyde de carbone, la gamme de température est beaucoup plus favorable, puisqu'elle s'étend de − 57 °C à 31 °C. En revanche, les pressions requises sont extrêmement élevées : la valeur la plus basse possible est de 5 bars (cinq fois la pression atmosphérique terrestre actuelle), et correspond aux plus faibles températures. À 0 °C, il faut un minimum de 35 bars. La stabilité du CO_2 liquide requiert donc une atmosphère à très haute pression. Il est peu probable que Mars ait connu de telles conditions.

Pour l'eau en revanche, on sait que toute température supérieure à 0 °C convient, jusqu'à plus de 370 °C. La pression ne doit pas être inférieure à 6 millibars, ce qui est très faible. Du côté des hautes pressions, les conditions de criticité sont extrêmes, puisqu'elles supposent une pression d'au moins 220 bars.

On était donc fondé à interpréter les structures fluviatiles martiennes comme témoignant de l'existence dans le passé de cours d'eau martiens.

Pour que l'eau demeure liquide, il ne faut toutefois pas que la pression soit *trop* faible : en dessous de quelques millibars, l'eau n'est stable que sous forme de glace ou de vapeur, selon que la température est inférieure ou supérieure à 0 °C. C'est la situation actuelle sur Mars. Il est donc facile d'interpréter que les structures fluviatiles sont aujourd'hui asséchées : la pression atmosphérique, élevée dans le passé, serait devenue trop faible.

À y regarder de près, il y a malgré tout une différence majeure avec les écoulements terrestres : sur Terre, il est trivial de dire que les cours d'eau ont une source et une embouchure, maritime ou océanique. Sur Mars, il est aussi difficile de localiser les sources de ces écoulements que d'en identifier les débouchés : partent-ils de cratères d'impact, ont-ils jailli du sol, ou procèdent-ils de la récupération d'eau de pluie ? Ont-ils alimenté des étendues stables, des lacs, des mers ou des océans ? Où donc allait toute cette eau ?

Ces questions, pour naïves qu'elles puissent paraître, traduisent l'inconfort qu'ont parfois les scientifiques pour rendre compte d'observations directes par analogie avec des phénomènes terrestres qui ne sont pas toujours transposables dans de tout autres conditions. Sur Terre, les fleuves participent à un cycle entretenu d'évaporation et de condensation, où les réservoirs que sont les océans jouent un rôle clé. L'existence de fleuves asséchés sur Mars implique-t-elle que des océans y aient également existé ? On va le voir, la réponse n'est pas nécessairement positive. Toutefois, la volonté, consciente ou non, de rechercher ailleurs des conditions semblables à ce qu'on pense être crucial pour l'émergence de la vie, c'est-à-dire de l'eau liquide stable sur de longues périodes, accroît la tentation des analogies terrestres.

En plus des réseaux fluviatiles, on observe de véritables *vallées de débâcle* (voir Figure 8, page 44) qui semblent avoir été creusées par des flots torrentiels charriant de grandes quantités de blocs et de débris rocheux. Elles se situent principalement dans les régions proches de Valles Marineris. Toutes portent *Mars* comme nom, traduit dans diverses langues : *Ares* Vallis (grec), *Mawrth* Vallis (gallois), *Kasei* Vallis (japonais), etc. Ces vallées se présentent sans réseaux d'affluents ni vallées ramifiées, ce qui n'est pas la seule différence avec les réseaux fluviatiles. L'analyse des terrains permet d'établir une chronologie relative de leur formation. Pour l'essentiel, les fleuves aux structures ramifiées sont très anciens, car ils s'observent dans les terrains très cratérisés ; les vallées de débâcle sont plus jeunes. Les premiers font appel à des débits assez faibles, sur de longues durées, vraisemblablement en présence d'eau liquide stable ; alors que les seconds semblent être des événements catastrophiques, de grande violence, mais éventuellement très brefs.

Un grand nombre des vallées de débâcle débouchent sur les plaines du Nord de faible altitude moyenne. Certains ont donc imaginé que, dans un passé reculé, ces plaines étaient recouvertes d'un très vaste océan alimenté par ces flots : la Figure 9 (voir page 45) illustre ce que, pour certains, Mars aurait été à cette époque, une planète bleue, elle aussi.

Celle illustration suggère qu'elle aurait connu des conditions de stabilité de l'eau à l'état liquide, laquelle aurait constitué un vaste océan, après que les volcans de Tharsis, visibles sur la gauche, eurent été formés.

On va le voir : les résultats récents contredisent cette vision. Pourtant, cette vue d'artiste où tous les terrains de basse altitude sont immergés décore toujours les murs des principaux centres de la NASA.

Comment vérifier l'hypothèse de l'existence d'un océan ancien ? Si l'eau a été stable à la surface de Mars, elle devait être entourée d'une atmosphère suffisamment dense pour retenir, par effet de serre, la chaleur rayonnée et maintenir une température clémente : sans atmosphère, la température d'équilibre est trop basse. Le plus vraisemblable est que le constituant atmosphérique majeur était le gaz carbonique. Au contact d'océans, il aurait pu, comme ce fut le cas sur Terre, s'y être dissous et avoir précipité sous la forme de *carbonates*.

L'eau est un solvant efficace, qui possède des propriétés électriques très particulières, liées au fait que sa molécule H_2O n'est pas linéaire : le centre de gravité des deux atomes d'hydrogène n'est pas confondu avec celui de l'oxygène, d'où un léger écart entre la position des charges positives et négatives. Le résultat, c'est qu'une espèce dissoute dans l'eau peut être dissociée en un ion positif (un *cation*) et un ion négatif (un *anion*), ce qui accroît considérablement sa réactivité chimique. C'est le cas du gaz carbonique qui, une fois dissous, peut s'ioniser, en un anion hydrogénocarbonate HCO_3^- ou bicarbonate CO_3^{--}. La teneur relative en CO_2, HCO_3^- et CO_3^{--} dans l'eau dépend de sa température et de son acidité. Dans les mers terrestres, HCO_3^- domine largement. Ces ions peuvent ensuite s'associer à un cation métallique et précipiter, sous la forme d'un carbonate. Les océans terrestres contiennent de grandes quantités de cations, en particulier de calcium, de magnésium et de fer : ils s'y accumulent par suite du lessivage des continents par l'eau de pluie. C'est ainsi qu'a été formée la grande majorité des calcaires terrestres.

Même s'il est vrai que, dans les mers terrestres, cette transformation a été fortement favorisée par les organismes vivants, qui en ont fait leur coquille, on sait qu'elle peut également s'opérer sans leur aide – mais moins efficacement. Dans les conditions terrestres, l'efficacité de ce processus est impressionnante : plus de 99,9 % du gaz carbonique aurait ainsi disparu de l'atmosphère pour se retrouver piégé sous forme de carbonates, certains transformés ensuite en schistes. De la Champagne aux Alpilles, tout autour de la Méditerranée, les étendues calcaires constituent le réservoir principal de notre gaz carbonique primordial. Ils signent la présence passée d'étendues d'eau, aujourd'hui retirée.

Ce processus, qui a opéré sur Terre, est-il responsable de la faible pression atmosphérique sur Mars ? Y a-t-il eu des océans, dans lesquels le gaz carbonique aurait été dissous puis piégé après précipitation ? Pour valider cette thèse, l'idéal serait de mettre en évidence des roches sédimentaires, et surtout des carbonates en grande quantité.

L'identification de tels minéraux permettrait de localiser les lieux où, jadis, existaient des mers ou des océans ; c'est là aussi que se seraient concentrées les réserves de carbone, qui, pour l'essentiel, se trouvaient initialement sous forme de gaz carbonique. De l'eau, du carbone, du Soleil... pourquoi alors ne pas faire un pas de plus : de même que sur Terre, c'est dans ces calcaires, accumulés sous forme de sédiments, qu'on trouve les plus grandes concentrations de fossiles marins, de même, si la vie a émergé sur Mars, c'est là qu'on devrait en trouver le plus sûrement les reliques. Pour en rechercher les traces, les principales sondes spatiales de la NASA, Viking 1, Viking 2 puis, vingt ans plus tard, PathFinder, se sont posées dans des sites apparaissant en bleu sur la vue d'artiste imaginant Mars ancienne recouverte partiellement d'un vaste océan.

À ce jour on n'y a pas découvert de calcaires. On va voir qu'on commence juste à comprendre pourquoi.

De fait, nous avions quelques raisons de douter de l'hypothèse selon laquelle, sur Mars, l'essentiel du gaz carbonique s'était transformé en carbonates ; car cela aurait posé une nouvelle énigme : où est passé l'azote ?

On ne connaît évidemment pas avec certitude la composition de l'atmosphère ancienne de Mars. On peut toutefois en avoir une idée par comparaison avec ce qu'on observe sur Vénus et sur Terre. Celle-là possède aujourd'hui une atmosphère extrêmement dense, dont la pression est quatre-vingt-dix fois supérieure à la pression terrestre actuelle. Le gaz carbonique y domine très largement, puisqu'il en représente 96 %. L'azote moléculaire N_2 vient ensuite, avec un rapport N_2/CO_2 voisin de 3 %. Sur Terre, c'est l'azote N_2 qui domine : il représente 80 % de notre atmosphère, le reste étant surtout de l'oxygène moléculaire O_2. Il n'y a donc pratiquement pas de gaz carbonique ; comme on l'a vu, il y a toute raison de penser qu'initialement non seulement celui-ci était beaucoup plus abondant, mais constituait le composé de loin majoritaire, comme sur Vénus aujourd'hui – avec peut-être également d'importantes quantités de vapeur d'eau. La disparition du gaz carbonique de l'atmosphère terrestre provient de sa dissolution et de sa précipitation en carbonates dans les océans. Si on retransformait, par une réaction inverse, les carbonates et les schistes en gaz carbonique, celui-ci dominerait alors, avec une pression atmosphérique de plusieurs dizaines de bars ; le rapport N_2/CO_2 serait voisin de celui qu'on mesure aujourd'hui sur Vénus. Sur Terre donc, la présence d'eau liquide a fait disparaître le gaz carbonique de l'atmosphère, mais non l'azote moléculaire : cela s'explique par le fait qu'autant le premier se transforme aisément en minéral, autant le second précipite difficilement. Pour former des minéraux azotés, il faut des conditions très particulières : le passage par de l'acide nitrique ou l'action d'organismes vivants. C'est pourquoi, sur Terre, l'essentiel de l'azote est resté dans l'atmosphère, dont il constitue le principal constituant.

Le fait que Vénus a conservé ses constituants atmosphériques initiaux est une indication qu'elle n'a vraisemblablement jamais abrité d'étendue d'eau liquide pérenne : le gaz carbonique s'y serait également transformé en roches, et la pression atmosphérique aurait chuté. Vénus est trop proche du Soleil : avec un effet de serre très important, il a probablement toujours fait beaucoup trop chaud, toute l'eau y est passée dans l'atmosphère sous forme de vapeur. Les molécules d'eau y ont même été en grande partie dissociées par le rayonnement solaire et transformées en atomes d'hydrogène et d'oxygène. De très faible masse, l'hydrogène a même pu s'échapper de l'atmosphère : plus ils sont légers, plus les atomes, à une même température, sont rapides ; ils ont donc une probabilité plus grande d'avoir une vitesse supérieure à celle, dite « de libération », nécessaire pour s'échapper du champ de gravité de la planète. C'est ainsi que le deutérium (D), ou hydrogène lourd, qui a une masse deux fois supérieure à celle de l'hydrogène courant (H), s'échappe beaucoup plus difficilement. On a effectivement mesuré qu'il est, dans l'atmosphère de Vénus, très surabondant par rapport à l'hydrogène : le rapport D/H y est cent fois plus élevé que sur Terre. C'est un indice important que l'essentiel de l'hydrogène a dû quitter Vénus.

Qu'en est-il de Mars ? Son atmosphère présente une double caractéristique. D'une part, elle est très ténue, puisque sa pression est inférieure à 10 mbars. Elle est plus de cent fois plus faible qu'à la surface de la Terre, et dix mille fois plus faible que sur Vénus. D'autre part, les concentrations des molécules les plus abondantes sont très semblables à ce qu'elles sont sur Vénus : le gaz carbonique CO_2 domine, suivi de l'azote N_2, avec un rapport N_2/CO_2 voisin de 3 %. En d'autres termes, sur Mars, la pression atmosphérique semble avoir décru considérablement, d'un facteur supérieur à 1 000, si les réservoirs atmosphériques initiaux étaient à l'image de ce qu'ils sont sur Vénus et furent sur Terre, avant que le gaz carbonique n'y précipite en carbonate. Ce qui est remarquable, c'est que, sur Mars, cet appauvrissement a affecté dans les *mêmes* proportions les deux constituants majeurs, le CO_2 et le N_2 : ce dernier n'est pas resté dans l'atmosphère comme sur Terre. L'atmosphère a donc été travaillée par des processus extrêmement puissants, au point de faire disparaître 99,9 % des constituants, avec la même efficacité pour le CO_2 et pour le N_2. Il est difficile d'imaginer que ce résultat provienne de deux processus totalement indépendants : par dissolution aqueuse et formation de carbonates pour le CO_2, et par un tout autre phénomène pour le N_2, puisqu'il ne précipite pas en présence d'eau liquide. Le plus vraisemblable serait qu'un même processus ait fait disparaître le CO_2 et le N_2, comme l'ensemble des espèces atmosphériques, sans faire intervenir leurs propriétés chimiques : ils auraient été non pas piégés dans le sol, mais chassés de la planète.

De tels processus d'échappement atmosphérique peuvent en effet expliquer que le N_2 et le CO_2 aient disparu dans des proportions semblables. Comme ils ne font pas appel à l'existence d'océan sur Mars, on pouvait prévoir que la recherche de carbonates comme traceur d'étendues aqueuses passées n'aboutisse pas. La très faible quantité d'azote dans l'atmosphère pouvait faire douter que le gaz carbonique ait été piégé en carbonates dans des océans. Pourtant, les pesanteurs conceptuelles sont tenaces, et la quête de vie extraterrestre transcende parfois la réalité : pour l'essentiel des scientifiques et des agences spatiales concernées, l'hypothèse la plus courante demeurait celle d'une atmosphère passée ayant maintenu stable l'eau liquide. Le mot d'ordre de la NASA, qui éclaire ses programmes d'exploration de Mars, n'est-il pas, jusqu'à aujourd'hui : « *Follow the water* » ?

Dans l'hypothèse où des océans existaient dans le passé, l'évolution progressive de Mars aurait vu décliner les conditions de stabilité de l'eau liquide qui se serait infiltrée dans le sous-sol, où elle aurait gelé : l'eau serait donc piégée aujourd'hui dans un mélange de glace souterraine et de roches que les Français nomment *pergélisol* et les Anglo-Saxons *permafrost*. Cela fait plus de cinq ans maintenant que les sondes spatiales traquent le sous-sol à la recherche de ce réservoir présumé d'eau : les sondes Mars Express de l'ESA (l'agence spatiale européenne) et Mars Reconnaissance Orbiter de la NASA (l'agence spatiale des États-Unis) sont chacune équipées d'un radar capable de sonder le sous-sol jusqu'à des profondeurs de plusieurs kilomètres pour la première, de plusieurs centaines de mètres pour la seconde : leurs instruments peuvent mettre en évidence des interfaces entre permafrost (*a fortiori* eau liquide) et socle rocheux. À ce jour, malgré ces moyens instrumentaux d'une grande sensibilité, le permafrost n'a été mis en évidence avec certitude que sous les pôles, et dans un nombre restreint de sites très localisés, mais non sous les vastes terrains de basses altitudes. De nouveau, ne pas détecter un constituant ne signifie pas qu'il n'existe pas, car il peut se trouver sous une forme ou en un lieu peu accessibles à la mesure. Il peut se faire toutefois que cette non-détection corresponde à l'absence de réservoirs glacés souterrains de grande étendue, et constitue en elle-même une information majeure.

Ce qui avait engagé à faire ces mesures, c'est qu'on disposait d'observations dont l'interprétation pouvait étayer l'hypothèse de l'existence de permafrost : la structure très particulière des éjectas entourant certains cratères d'impact. Les cratères à la surface de la Lune, comme partout ailleurs dans le système solaire, sont entourés de *raies* brillantes : ce sont de longues stries claires qui partent du cratère et tranchent sur leur environnement plus sombre. Leur origine est purement d'ordre physique : lors de l'impact, une fraction du matériau est pulvérisée en fines particules qui sont éjectées du cratère formé. Lorsqu'on écrase une roche en tout petits grains, elle devient plus claire : la lumière qui l'éclaire, au lieu de pénétrer dans la matière qui l'absorbe progressivement, trouve rapidement un bord de grain constituant une surface réfléchissante, si bien qu'elle finit par ressortir par *diffusion multiple*. C'est ce phénomène qui explique qu'au bord de la mer l'écume est blanche : en se cassant, les vagues emprisonnent dans l'eau de fines gouttelettes d'air sur les bords desquelles la lumière est rediffusée et renvoyée dans toutes les directions. En revanche, la lumière qui pénètre au large y est absorbée et n'en ressort pas, laissant la surface sombre. Les raies de cratères claires à la surface de la Lune traduisent donc le changement de taille moyenne des particules, causé par l'impact, mais non celui de leur composition.

Pour la même raison, nombre de cratères d'impact à la surface de Mars présentent également des raies claires. Cependant, on observe autour de certains des structures totalement différentes, qu'on n'a observées nulle part ailleurs : des éjectas de forme grossièrement concentrique, agrémentée de lobes (voir Figure 15, page 151). L'interprétation qui en a été le plus souvent donnée est la suivante : l'impact aurait affecté un sol mélangeant roche et glace. Sous la violence du choc, celle-ci s'est transformée en boue, éclaboussant les alentours du cratère et séchant sous forme d'éjectas lobés ; ceux-ci attesteraient donc de la présence de permafrost au moment de l'impact. En l'absence de mesure de composition, c'est cette interprétation des images en termes d'existence d'eau souterraine gelée qui a largement dominé.

En fin de compte, le faisceau d'observations et de mesures effectuées par les premières missions spatiales martiennes donnait de Mars l'image d'une planète ayant connu des épisodes d'activité intense, de mouvements tectoniques et de volcanisme, et faisant jouer à l'eau un rôle potentiellement important. Sans en démontrer définitivement la présence, de nombreux indices semblaient l'attester et indiquer où en rechercher les traces aujourd'hui. Dans le passé, Mars était peut-être, aussi, une planète bleue.

En même temps, d'autres observations, contradictoires, comme l'absence d'azote moléculaire, pouvaient jeter le trouble. Celles-ci ont été, assez systématiquement, négligées, tant était forte la pression pour trouver ailleurs que sur Terre des traces de vie. Dans les années 1970, la vision dominante de la Terre était celle d'une planète assez banale.

La Terre, banale
ou singulière ?

Cette vision de la Terre comme une planète banale, écho de la *pluralité des mondes*, a été confortée par une observation fondamentale à la fin des années 1960. Il faut remonter au 12 avril 1961, lorsque l'URSS réussissait l'exploit d'envoyer un homme dans l'espace, Youri Gagarine. Cette première faisait suite à toute une série, du premier satellite artificiel de la Terre, Spoutnik 1, le 4 octobre 1957, inaugurant l'ère spatiale, à la mise en orbite du premier être vivant, la chienne Laïka, un mois plus tard seulement, le 4 novembre 1957, puis, le 2 janvier 1959, Luna 1, la première sonde qui a quitté l'attraction de la Terre, inaugurant les voyages interplanétaires. Dans le climat de guerre froide de ces années, J. F. Kennedy n'avait guère le choix pour tenter de reprendre l'avantage : ce fut le programme Apollo ayant pour objectif qu'un Américain foule le sol de la Lune avant la fin de la décennie. Audace et anticipation stratégique impressionnantes, quand on réalise les défis technologiques à relever. La microélectronique, qui a investi depuis tous les champs de l'activité humaine, est en grande partie née de cette décision historique.

En 1968, la CIA crut que l'URSS était prête à envoyer un équipage vers la Lune. La NASA décida de modifier le cours de son programme : la mission en préparation, Apollo 8, qui devait tester les modules en orbite terrestre, a changé de destination. Avec ses trois astronautes, elle irait jusqu'à la Lune, pour en faire le tour et rentrer sur Terre. Effectivement, en décembre 1968, Frank Borman, James Lowell et Williams Anders furent les premiers hommes à quitter l'attraction de la Terre et à entreprendre un voyage dans l'espace interplanétaire. Ce fut un succès spectaculaire.

Ce qu'on retint avant tout est que des astronautes ont pour la première fois frôlé la Lune, à une centaine de kilomètres. Le plus important pourtant, c'est peut-être que, pour la première fois, des hommes ont pris le large par rapport à la Terre, et ont pu l'observer et la photographier, dans son intégralité, comme une planète distante « flottant » dans l'espace.

Ces images ont profondément ancré la représentation de la Terre comme une planète parmi les autres d'un système solaire fait d'objets d'apparences assez semblables. Cette banalité a été renforcée par les analyses effectuées sur les échantillons lunaires, rapportés sur Terre à partir de la mission Apollo 11 durant l'été 1969, et comparées aux météorites. Elles confirmaient, de manière irréfutable, que l'ensemble des constituants du système solaire avaient été formés au même moment, il y a un peu plus de 4,5 milliards d'années, selon un même processus, au sein d'un même disque de matière, en un même lieu de notre Galaxie. Tous témoignent donc d'une profonde unité d'origine.

Origine commune : destins communs ? Tout venait conforter un sentiment dépassant largement la sphère scientifique : les propriétés terrestres auraient vraisemblablement un caractère générique ; la vie terrestre ne pouvait faire exception, elle devait être la règle.

On allait mettre les moyens spatiaux éprouvés au service de cette recherche ancestrale, devenue peut-être accessible, d'une vie extraterrestre. C'est pourquoi, avant même que ne s'achève le programme Apollo, en 1972, Mars devenait la cible des missions Viking : on l'a vu, elles n'ont pas permis d'y détecter de trace de vie extraterrestre, ni passée ni présente. Il fallait donc la chercher ailleurs. La mission Voyager d'exploration du système solaire externe devait s'y consacrer.

Malgré le peu de connaissances des autres objets du système solaire et la méconnaissance fondamentale des processus responsables de l'apparition de la vie sur Terre, peu de candidats semblaient satisfaire une condition considérée comme nécessaire : posséder une étendue d'eau liquide stable où une chimie complexe puisse se développer.

Ce lien entre la vie et l'eau est ancien, profondément enfoui dans la pensée commune, promu par cette réalité que sur Terre la vie semble être née dans l'océan. Elle y est demeurée peut-être plus de deux milliards d'années, jusqu'à créer elle-même les conditions lui permettant de s'en extraire : par la production de grandes quantités d'oxygène moléculaire. Les réactions d'assimilation de gaz carbonique par les plantes, sa transformation photosynthétique en matière organique nutritive, libèrent en effet de l'oxygène moléculaire (O_2). Dans la stratosphère, celui-ci est dissocié par le rayonnement solaire en atomes d'oxygène, très réactifs, qui se lient immédiatement pour synthétiser de l'ozone (O_3) et des oxydes d'azote : ces molécules bloquent l'ensemble du rayonnement ultra-violet solaire qui, en leur absence, atteindrait la surface de la Terre et empêcherait le développement de toute chimie complexe. L'atmosphère primordiale ne contenait que très peu d'oxygène moléculaire : la vie n'a pu émerger et se développer qu'au sein de l'eau, qui se trouve être un très bon filtre ultraviolet. La production d'oxygène est venue de plantes marines, à très faible profondeur. Cette conscience du rôle de l'eau s'est donc construite bien avant que les processus qui ont fait de l'eau, sur Terre, un ingrédient nécessaire à l'émergence et à l'évolution du vivant aient été compris.

À la surface de quels objets du système solaire, autres que la Terre, existe-t-il des conditions de maintien de l'eau dans son état liquide ? Au début des années 1970, un seul objet autre que Mars semblait les satisfaire : Titan, le plus massif des satellites de Saturne. Bien entendu, parce qu'il est très éloigné du Soleil, dix fois plus que ne l'est la Terre, il en reçoit très peu d'énergie : cent fois moins que la Terre. S'il était en parfait équilibre thermique, sa température au sol serait très inférieure à 0 °C, incapable de maintenir l'eau à l'état liquide. Mais on sait que la température à la surface même d'une planète – c'est le cas de la Terre – dépend surtout de la composition de l'atmosphère, par l'*effet de serre* : la présence de certains constituants, qui laissent passer le rayonnement solaire, lequel chauffe la surface, mais bloquent en partie le rayonnement thermique réémis par le sol, peut considérablement élever la température de la couche atmosphérique au contact direct de la surface, et permettre que l'eau liquide y soit stable.

On pensait que cet effet, qui opère avec efficacité sur Terre, pourrait bien être actif également sur Titan : les observations télescopiques indiquaient que son atmosphère contenait du méthane, qui se trouve être un gaz à effet de serre très performant. De plus, il contient du carbone. De l'eau, du carbone : pourquoi pas de la vie ?

Ce fut l'objectif principal de la mission Voyager de la NASA que de réaliser un survol rapproché de Titan, pour mettre en évidence d'éventuelles nappes d'eau, fussent-elles larges de quelques mètres. Lancées en 1977, les sondes Voyager 1 et Voyager 2 sont parvenues dans la banlieue de Saturne en 1981.

Arrivée au voisinage de cet objet intrigant, la première sonde commença à prendre des images dont la qualité devenait de moins en moins nette au fur et à mesure qu'elle s'en approchait. Devenait-elle subitement floue ? Les images de Saturne demeuraient d'une netteté impressionnante. Si la surface de Titan n'était pas visible, malgré la faible altitude des sondes, c'est qu'un épais brouillard d'aérosols la masquait. Son atmosphère était en fait extrêmement froide ; au sol, la température était d'environ − 180 °C. Contrairement aux prédictions, le climat sur Titan n'est pas tempéré par une atmosphère réchauffée par l'effet de serre du méthane. Celui-ci n'est qu'un constituant tout à fait mineur, qui ne contribue pas au réchauffement des basses couches atmosphériques. Ce qui domine, c'est l'azote moléculaire N_2, qui n'a aucun effet de serre : à cause de sa structure moléculaire, il ne peut bloquer efficacement le rayonnement infrarouge. C'est du reste pour cette raison qu'on ne peut le mettre facilement en évidence par observation spectroscopique à distance : comme on ne l'avait pas observé, on n'avait pas envisagé qu'il constitue plus de 98 % de l'atmosphère de Titan !

Cette atmosphère s'est donc avérée impropre à l'existence de cet ingrédient considéré comme vital : l'eau liquide. Pour autant, on y a découvert des composés moléculaires complexes qui pourraient avoir joué un rôle dans l'évolution biochimique. S'il s'avérait que le méthane sur Titan avait joué un rôle similaire à celui de l'eau sur Terre, les conditions d'émergence du vivant dans l'Univers se verraient considérablement élargies. La communauté scientifique européenne a alors proposé à l'agence spatiale européenne de monter une mission spécifique pour étudier Titan. Objectif : larguer un module dans l'atmosphère afin d'en analyser les propriétés pendant la descente au sol. Ce fut la mission Huygens de l'ESA. Elle a été réalisée, et embarquée sur la mission Cassini de la NASA, lancée en 1997, c'est-à-dire vingt ans après Voyager, pour étudier d'une manière intensive Saturne et son système. La descente de la sonde Huygens dans l'atmosphère de Titan et son atterrissage en douceur ont été un succès total en janvier 2005. Aujourd'hui encore, les scientifiques travaillent sur les données impressionnantes recueillies lors de cette mission, en relation avec celles acquises, à distance, depuis la sonde Cassini.

Il y aurait, à la surface de Titan, des lacs très froids, à − 180 °C, composés d'hydrocarbures liquides : de l'éthane mélangé à du méthane, avec peut-être de l'azote liquide, et des composés carbonés plus complexes, alimentés par du « cryo-volcanisme ». Ce volcanisme glacé consisterait en l'épanchement non pas de laves de roches en fusion, mais d'une sorte de boue d'ammoniac et de composés organiques, liquide en profondeur, gelée en surface ; sauf à quelques endroits où elle alimenterait des marécages d'hydrocarbures, par des températures inférieures de 100 degrés à celles qui règnent sur Terre lors des hivers antarctiques...

Si l'objectif des sondes Voyager était bien d'atteindre Saturne pour explorer son système, et avant tout Titan, leur trajectoire avait été choisie pour survoler Jupiter à mi-course : sa forte attraction gravitationnelle peut être mise à profit pour propulser les sondes. Du point de vue scientifique, l'intérêt était énorme : on allait coupler l'étude du système de Saturne à celui de Jupiter. Et de fait, ce que ces sondes ont révélé en survolant Jupiter et ses principaux satellites, ainsi que son anneau, qu'elles ont découvert, aurait suffi à faire de ces missions un succès exceptionnel. Elles ont notamment réalisé les toutes premières observations des *satellites galiléens* Io, Callisto, Ganymède et Europe. Depuis leur mise en évidence par Galilée en 1610, on ne savait pas grand-chose d'autre que leur existence, et les caractéristiques de leur mouvement autour de Jupiter : ils sont trop éloignés de nous pour que les télescopes les aient vus autrement que comme des objets ponctuels. Sur les images des caméras de Voyager, d'une précision de quelques kilomètres, ils se sont révélés totalement différents les uns des autres. Ainsi, quatre objets, d'origine très voisine, en ce sens qu'ils se sont formés au même moment, pratiquement au même endroit et à partir d'un matériau très semblable, ont pu suivre des évolutions extrêmement différentes par suite de conditions particulières qui ont modelé leur histoire, dont la distance à Jupiter.

Le plus spectaculaire est très certainement Io, le plus proche de la planète : on a découvert qu'il est en permanence travaillé par de gigantesques volcans en activité. Jamais on n'avait observé une telle activité volcanique ailleurs que sur Terre. La violence de ce volcanisme est considérablement supérieure à celle des éruptions terrestres les plus intenses. Les sondes ont observé des panaches de plusieurs centaines de kilomètres d'altitude ; elles répandent au sol des coulées de laves aux couleurs vives, à base de soufre, dans divers états d'oxydation et de température. Celle-ci et leur vitesse sont telles qu'elles ne peuvent se solidifier assez rapidement, elles ne forment pas de cônes volcaniques. La surface de Io est entièrement renouvelée en quelques milliers d'années seulement.

Les processus responsables de cette activité sont différents de ce qu'ils sont sur Terre. Io, de taille semblable à la Lune, est fortement lié à Jupiter, mille fois plus massif, et dont il est très proche : par *effet de marée*, il crée deux bourrelets équatoriaux. Ce système serait stable et n'engendrerait pas d'énergie s'il n'était fortement perturbé : le passage récurrent des autres satellites galiléens tend à faire osciller ces bourrelets. La friction interne qui en résulte libère une énergie considérable, qui met en fusion les couches externes : elle se traduit par des éruptions volcaniques spectaculaires. Les images de Io ont constitué une découverte majeure, à laquelle personne ne s'attendait, hormis Stanton Peale, de l'Université de Santa Barbara. Il avait prévu ce processus, l'avait quantifié, et il était finalement parvenu, bravant l'indifférence, voire le scepticisme général, à en publier les résultats sous forme de prédiction observationnelle quelques jours seulement avant l'arrivée de Voyager 1 : « ... Io pourrait être à présent l'objet de type tellurique le plus intensivement chauffé de tout le système solaire... sa surface devrait être sujette à un volcanisme à grande échelle et récurrent, entraînant un dégazage massif... les images de Io par Voyager pourraient révéler une structure et une histoire planétaires considérablement différentes de tout ce qui a été observé auparavant. » Il avait vu parfaitement juste.

Contrastant avec Io, les autres satellites galiléens semblent géologiquement éteints, tout en présentant des surfaces différentes les unes des autres : Europe est entièrement recouvert d'une couche de glace, lisse et fissurée de crevasses profondes ; le faible nombre de cratères indique qu'elle est jeune, c'est-à-dire qu'elle a été modelée récemment. En revanche, Callisto est criblé de cratères d'impacts datant du bombardement primordial ; Ganymède paraît intermédiaire, avec à la fois des zones anciennes fortement cratérisées et des régions plus récentes où la glace semble dominer. Les photographies des satellites galiléens illustrent la diversité des objets du système solaire après plus de quatre milliards et demi d'années d'évolution.

En une décennie, les robots d'exploration partis observer la Lune, Mars, Mercure, Vénus et Jupiter, puis Saturne ont considérablement fait avancer nos connaissances sur le système solaire. Plus on progresse dans son observation, plus s'impose cette idée : alors qu'ils partagent une origine commune, ces différents objets se caractérisent aujourd'hui par une diversité étonnante, à un point que personne ne pouvait imaginer. Ce qui frappe n'est pas tant ce qu'on y trouve de commun, même si certains processus y sont observés en plusieurs endroits : par exemple, des surfaces saturées de cratères sur la Lune, Mercure, Mars et Callisto, et des volcans sur Mars, la Terre et Io. Ce qui ressort, ce ne sont pas ces ressemblances : c'est que chacun de ces mondes a suivi une évolution distincte.

L'un des effets les plus importants de cette exploration est une modification radicale de la vision de la Terre, depuis sa première observation comme objet planétaire : c'est tout sauf un monde banal. Elle se distingue en particulier par sa couverture d'eau liquide, stable depuis plusieurs milliards d'années, semble-t-il : c'est *la* « planète bleue ».

Quand on parle d'eau, dans le langage courant, on pense à l'eau liquide. D'autres mots sont utilisés pour qualifier les états solide (la glace) et gazeux (la vapeur d'eau). Et c'est bien d'eau liquide qu'il s'agit quand on parle d'ingrédient probablement nécessaire à l'émergence du vivant : à l'état de glace ou de vapeur, l'eau favorise beaucoup moins les processus d'évolution chimique. Pour le physicien, le même mot caractérise un constituant qui peut se trouver sous forme solide, liquide ou gazeuse, selon la température et la pression. L'eau ne se trouve à l'état liquide que si la température le permet, c'est-à-dire si elle est supérieure à 0 °C, mais à condition que la pression soit également suffisante : sous vide, la glace passe directement à l'état de vapeur (elle se *sublime*) quand la température dépasse 0 °C, et réciproquement, la vapeur d'eau se condense en glace, sans passer par l'état liquide, en refroidissant. Plus précisément, la température de cette transition varie avec la pression : elle est d'autant plus négative que celle-ci est faible.

L'eau est une molécule très abondante dans l'univers : on la détecte dans des environnements très différents, au voisinage d'autres étoiles comme dans l'espace interstellaire, mais jamais à l'état liquide. Dans le système solaire aussi, il y a de l'eau dans de nombreux objets, mais soit sous forme de glace, soit sous forme gazeuse. En fait, il n'y a qu'à la surface de la Terre que l'eau se trouve aujourd'hui à l'état liquide.

Dans tout le système solaire externe, c'est-à-dire au-delà de l'orbite de Jupiter, la température est si froide que l'eau existe sous forme de glace. Comme elle est très abondante, c'est le constituant solide dominant des objets qui s'y sont formés : les noyaux cométaires, les satellites des planètes, les grains qui peuplent les anneaux, tous en contiennent de grandes quantités. Aucun d'entre eux, cependant, n'a de conditions permettant à l'eau de demeurer liquide en surface.

Il est possible toutefois que de l'eau liquide existe à de grandes profondeurs, sous la glace, si la pression devient suffisante : à une même température, la glace fond lorsqu'augmente la pression – c'est une singularité de l'eau. C'est pourquoi on fend de la glace en appuyant fortement avec une lame tranchante, sans qu'il faille la chauffer. En Antarctique, le lac Vostok, de 250 kilomètres de long, se situe sous plus de 3 000 mètres de glace. Il est probable que, sur Europe, le satellite galiléen de Jupiter recouvert entièrement de glace lisse et crevassée, l'épaisse banquise qui l'entoure flotte sur des nappes d'eau liquide souterraines, par plusieurs kilomètres au moins de fond. Certains suggèrent que, malgré le manque de lumière, elles hébergent, comme le lac Vostok, des espèces vivantes. Un jour, sans doute, des missions spatiales iront sur place les rechercher…

Qu'en est-il dans le système solaire interne ? Mercure et la Lune n'ont pas d'atmosphère : la pression y est inférieure à celle qu'on peut créer dans les laboratoires terrestres quand on cherche à réaliser les meilleurs « vides » possibles. De l'eau liquide s'y vaporiserait immédiatement. Par contraste, Vénus, comme on l'a vu, possède une atmosphère extrêmement dense, quatre-vingt-dix fois plus que sur Terre, avec une composition très largement dominée par le gaz carbonique. C'est un gaz à effet de serre très efficace : la température au sol est de 480 °C. Avec de telles conditions de température et de pression, l'eau ne peut se maintenir à l'état liquide, mais seulement gazeux. Passée dans l'atmosphère, elle en a même été très largement évacuée vers l'espace.

À la surface de Mars, il y a bien une atmosphère, mais de pression très faible : plus de cent fois plus ténue que sur Terre. Bien que la température dépasse 0 °C dans certaines régions et à certaines saisons, la pression, trop faible, ne permet pas à l'eau liquide d'être stable : la glace passe directement à l'état de vapeur, et la vapeur à l'état de glace, selon que la température passe au dessus ou au-dessous de 0 °C – qui est la valeur de la transition à la pression martienne. Aujourd'hui, Mars est un désert aride et sec.

Lorsqu'on s'éloigne du Soleil, on croise donc Mercure, sans eau, Vénus, où l'eau est gazeuse, la Terre où elle est liquide, puis Mars où elle est de glace, et le demeure au-delà, jusqu'aux confins du système solaire.

Il est intéressant de noter que, lorsque la Terre s'est formée, la glace n'était pas stable dans la nébuleuse à cette distance du Soleil : le matériau solide de départ était exclusivement fait de minéraux, et la jeune Terre fut excessivement sèche. L'essentiel de l'eau a été apporté ultérieurement, par des impacts : les perturbations des planètes géantes ont éjecté de leur zone de formation et injecté dans le système solaire interne des objets riches d'eau pour s'être formés à de plus grandes distances du Soleil, en particulier au niveau de l'actuelle ceinture des astéroïdes.

Parmi l'ensemble des objets du système solaire, la Terre apparaît donc comme très singulière, avec le maintien à sa surface d'étendues d'eau liquide stable et l'entretien d'un cycle permanent d'évaporation, de condensation et d'activité fluviatile. La distance au Soleil n'en est pas le seul facteur. Si notre atmosphère n'était constituée que de ses éléments majeurs, azote et oxygène moléculaires, il régnerait une température à laquelle seule la glace serait stable. C'est à l'existence de molécules de vapeur d'eau et de gaz carbonique, pourtant très peu abondantes, que l'on doit d'augmenter la température dans une mince couche atmosphérique juste au-dessus de la surface de la Terre, par un effet de serre qui stabilise l'eau liquide. C'est l'augmentation actuelle de celui-ci, à un rythme excessivement rapide, qui menace la Terre d'un réchauffement global majeur.

Une autre singularité de la Terre se trouve être la couverture nuageuse de près de la moitié de sa surface. Vénus est totalement recouverte de nuages, principalement acides, qui rendent l'atmosphère opaque au rayonnement solaire visible. Depuis la Terre, et même en orbite, on ne peut voir sa surface ; si l'on s'y posait, on n'apercevrait pas le Soleil. Les autres objets du système solaire interne sont presque totalement dépourvus de nuages ; seule Mars en montre parfois, très localisés.

La couverture nuageuse joue un rôle considérable, subtil et complexe, dans l'équilibre atmosphérique. Les nuages contribuent en effet à la fois au réchauffement de l'atmosphère, par effet de serre, et à son refroidissement : si les nuages apparaissent blancs sur les photos prises depuis des satellites, c'est qu'ils renvoient dans l'espace près de la moitié de l'énergie solaire qu'ils reçoivent, réduisant d'autant l'énergie disponible pour chauffer l'atmosphère. Une faible modification de la quantité de nuages aurait donc un effet climatique important ; 10 % de nuages en plus se traduiraient par 5 % d'énergie en moins dans la basse atmosphère, ce qui serait considérable. Cela laisse penser que la couverture nuageuse est restée assez stable dans le temps, ce que dissimule la variabilité de la météorologie à l'échelle locale.

On maîtrise mal les raisons de cette singularité terrestre, pour importante qu'elle soit. Les processus responsables de l'apparition et de la disparition des nuages sont excessivement complexes. Ils font intervenir des germes de *nucléation*, dont la nature n'est pas encore totalement élucidée, sur lesquels des gouttelettes d'eau peuvent croître et rester en suspension, sans précipiter en pluie… D'eux va dépendre la nature des nuages. Or, si tous les nuages jouent le même rôle de serre, tous ne reflètent pas aussi efficacement le rayonnement solaire, la palme revenant aux cumulus. Du type et du nombre des nuages dépend donc l'équilibre thermique de la basse atmosphère terrestre.

Si la température augmente, l'eau s'évapore davantage ; or la vapeur d'eau contribue à l'effet de serre. Si sa concentration augmente, la température tend à s'élever, ce qui accélère son évaporation : le système tend à s'emballer par un effet « boule de neige ». Si, en revanche, une fraction de la vapeur d'eau se condense en nuages au fort pouvoir réflecteur, ceux-ci diminuent l'apport d'énergie solaire : une régulation de la température pourra éventuellement se mettre en place. Il devient donc essentiel d'avancer dans la compréhension des processus de nucléation des nuages, car l'évolution éventuelle de la couverture nuageuse pourrait jouer un rôle majeur dans le changement climatique global auquel nous assistons. Dans cette recherche, l'étude de l'apparition et de l'évolution des nuages d'eau et de gaz carbonique, dans l'atmosphère de Mars, peut s'avérer très précieuse.

Si la Terre est aujourd'hui la seule planète à abriter de l'eau liquide en surface, cela a pu être le cas d'autres planètes dans le passé. Comme tous les objets de l'Univers, à toutes ses échelles, les planètes ont une histoire. Elles ont connu dans le passé des conditions totalement différentes. Mars aujourd'hui est désertique : abritait-elle des lacs, des marécages, des océans autrefois ? Si tel fut le cas, la vie y a-t-elle émergé ? Quelles conditions étaient alors remplies qui ne le seraient plus aujourd'hui ? Pourquoi ont-elles tellement changé, alors que sur Terre il y a toujours de l'eau ?

La planétologie tente de reconstruire, à partir des observations contemporaines, ce qu'a pu être l'histoire des différents mondes planétaires depuis leur formation, et d'en identifier le moteur.

Pour comprendre l'évolution planétaire, la planétologie comparative se révèle particulièrement féconde. Elle bénéficie de l'exploration spatiale qui permet d'étudier les propriétés des différents objets par des mesures effectuées *in situ*, en orbite ou à même le sol, avec une précision impressionnante. On dispose d'images de résolution décimétrique pour Mars. On a les moyens de caractériser la composition de chaque parcelle de la surface de Mars, jusqu'à des dimensions de quelques dizaines de mètres. On étend actuellement ces moyens d'observation à l'ensemble des planètes du système solaire et à un grand nombre de leurs satellites.

Cette démarche comparative est possible car l'évolution des corps planétaires a conservé des propriétés qui, pour être différentes, ne le sont pas au point de ne plus pouvoir être comparées. Elle consiste à identifier les mêmes processus, tels que la cratérisation, le volcanisme, l'entretien d'un champ magnétique, la circulation atmosphérique ou la formation de nuages, et à décrire comment, dans des contextes différents, ils répondent à des sollicitations distinctes et peuvent conduire à des effets, des situations, des propriétés différents. En quelque sorte, elle prend au cubisme l'idée de rendre simultanément les différentes facettes d'une réalité. Potentiellement, cette discipline scientifique, nouvelle, peut nous aider à répondre à des questions majeures, comme celle de l'unicité ou non du vivant, dans le passé comme aujourd'hui, au moins dans le système solaire.

Elle a déjà montré sa fécondité dans la mise en évidence de l'importance d'une étape majeure de l'évolution de chaque planète, celle du bombardement primordial. Si la Terre n'a pas conservé, comme la Lune, Mercure ou Mars, la mémoire de cette période sous la forme d'une surface cratérisée, elle en préserve toutefois l'un des effets, aux conséquences climatiques majeures : la Lune. Les impacts ont fait évoluer les atmosphères planétaires, apporté des ingrédients tels que l'eau, et fourni l'énergie qui a modelé la structure et la minéralogie de leurs couches externes. Ils ont fortement influencé la dynamique de leur évolution. La Lune a imposé à la Terre son obliquité quasiment constante. En revanche, le fait qu'Uranus a son axe de rotation situé dans le plan de l'écliptique, ou que Vénus a une rotation rétrograde, traduit l'évolution de l'obliquité d'objets ne possédant pas de lune stabilisatrice. C'est peut-être également par un impact géant que Mercure aurait perdu l'essentiel de ses couches externes : sa densité globale élevée, alliée à une forte teneur en fer, pourrait traduire l'existence d'un noyau métallique de très grande dimension, recouvert d'un manteau très mince : le reste aurait été épluché par le choc.

La prise en compte de l'évolution dynamique primordiale est récente. Il est extrêmement difficile d'en obtenir une caractérisation précise, du point de vue tant de l'observation que des simulations, et d'en évaluer les conséquences. Les dernières phases du bombardement primordial ont été si violentes, elles ont tellement remué, bêché le sol, qu'elles ont supprimé les traces de ce qui s'était passé auparavant. Même pour les objets présentant encore des surfaces cratérisées à saturation, on ne lit dans ces structures que les derniers moments du bombardement, datant d'environ quatre milliards d'années : ils ont effacé la plus grande part de l'histoire des centaines de millions d'années qui ont précédé, où pourtant l'essentiel s'est peut-être joué. Pour la Terre, et peut-être pour

Mars, c'est vraisemblablement à cette époque que la vie a émergé. N'y a-t-il aucun espoir de remonter aux conditions qui, alors, prévalaient ? Mars nous offre peut-être une solution.

Mars joue en effet un rôle très précieux en planétologie comparative, qui explique et justifie qu'un impressionnant programme d'exploration lui ait été consacré et demeure une priorité des décennies à venir. Comme on va le voir, elle le doit tout à la fois à sa situation dans le système solaire et à sa taille, l'une et l'autre lui conférant un apport énergétique très particulier. Elle a été le siège d'une activité interne intense, sans avoir connu de phase de remise à zéro globale qui aurait effacé l'essentiel des traces des ères passées, comme c'est le cas de la géologie terrestre. En conséquence, on peut potentiellement lire, à la surface de Mars, l'essentiel de son histoire ; celle-ci éclaire d'une manière particulièrement féconde l'ensemble des étapes et des processus qui ont jalonné celle du système solaire.

Gravité, énergie solaire, radioactivité

Les planètes présentent aujourd'hui une étonnante diversité, alors qu'elles partagent des conditions d'origine très similaires. On est encore loin de maîtriser les raisons qui ont engendré des chemins d'évolution si différents. Ce qu'on sait toutefois, c'est qu'elles sont à chercher dans deux directions : celle des forces en jeu dans l'évolution planétaire, et celle des *conditions initiales*. C'est semblable à ce qui détermine la trajectoire d'un objet que l'on jette. Dans ce cas simple, les forces se résument à la gravité terrestre et aux frottements dans l'atmosphère ; elles déterminent l'ensemble des mouvements possibles. La trajectoire particulière de l'objet dépend des conditions initiales qu'on lui impose : la manière dont on le lance, plus haut ou plus bas, jeté ou lâché, etc.

Quelles sont les conditions initiales de l'évolution des mondes planétaires ? Elles ressortissent d'une part de la dynamique de leur mouvement au sein du nuage présolaire très turbulent. On a vu en particulier combien le régime de collisions, par accrétion et chocs, a influé sur les propriétés des planètes. On va voir que leur taille et la composition de leur matériau d'origine jouent également un rôle très important.

En ce qui concerne les forces responsables de l'évolution planétaire, toutes celles de la physique se conjuguent, chacune avec une intensité et une dépendance temporelle différentes. Il faut maintenant comprendre les productions énergétiques qui en découlent, et leur variation dans le temps.

La *gravité* est omniprésente et s'est manifestée à toutes les étapes de l'évolution. Cela a commencé, nous l'avons vu, avec la croissance des planétésimaux, puis des embryons planétaires. Les chocs se sont accompagnés d'une libération d'énergie considérable. Cette énergie d'accrétion a pendant longtemps constitué l'un des postes principaux du bilan énergétique global.

Une fois les objets solides constitués, les plus massifs ont pu accréter des atmosphères denses pour donner naissance aux planètes géantes. L'effondrement gravitationnel de telles masses de gaz s'accompagne d'une libération d'énergie gravitationnelle importante qui a considérablement chauffé les planètes géantes. C'est le même processus qui permet d'atteindre des températures de millions de degrés lorsque la masse de l'objet est suffisante pour que s'allument des réactions de fusion thermonucléaires qui en font une étoile. Seule la masse décide du devenir, étoile ou planète, de l'objet en train de s'effondrer : étoile si la masse est au moins le dixième de celle du Soleil – quand celle de Jupiter, la plus massive de tout le système solaire, n'en est que le millième.

La gravité peut se manifester de plusieurs autres manières. L'une en est le phénomène des marées que nous avons rencontré précédemment : sur Terre, celles-ci résultent de l'attraction conjointe qu'exercent la Lune et le Soleil sur les océans. Pour tous les satellites, elles se traduisent par la synchronisation progressive de leur mouvement de rotation sur eux-mêmes avec leur révolution autour de la planète, qui fait qu'ils pointent vers elle toujours la même face. Ces effets de marée, quand ils sont perturbés par d'autres objets, peuvent donner naissance à des effets différents. On a vue que sur Io, le plus proche des satellites de Jupiter, la dissipation des forces de friction considérables produites par les autres satellites galiléens, dont le passage tend à faire osciller l'axe des bourrelets équatoriaux créés par Jupiter, engendre le volcanisme le plus violent de tout le système solaire.

Les forces qui lient les particules chargées, comme les électrons et les protons d'un atome, sont intimement liées au rayonnement émis par un objet qu'on chauffe. Elles constituent la force *électromagnétique*, les effets électriques et magnétiques de la matière étant eux-mêmes intimement couplés. Cette force est responsable du rayonnement qui nous vient du Soleil. L'énergie solaire est facile à quantifier ; on sait en effet exactement combien le Soleil émet d'énergie au total, quelle est sa répartition dans l'espace, et l'on possède de bons modèles pour déterminer comment elle a varié dans le temps, depuis sa naissance et celle du système planétaire.

En termes quantitatifs, un panneau de 1 mètre carré, disposé sur Terre perpendiculairement à la direction du Soleil, en reçoit chaque seconde un peu moins de 1 400 W, par ciel parfaitement clair et dégagé : c'est le flux solaire au niveau de l'orbite de la Terre. On connaît la distance moyenne de la Terre au Soleil, qui est l'*unité astronomique* et vaut 150 millions de kilomètres. Cela permet de déterminer combien reçoit du Soleil un objet situé à une distance d quelconque. Il suffit de faire une seule hypothèse : le rayonnement est émis et se propage de manière parfaitement isotrope, c'est-à-dire de la même manière dans toutes les directions. Ce que le Soleil rayonne se répartit donc de façon homogène sur une sphère de rayon d, dont la surface vaut $4\pi d^2$. Si un objet se situe à une distance double d'un autre, la même énergie totale émise par le Soleil se répartit sur une surface quatre fois plus grande : chaque mètre carré en reçoit donc quatre fois moins. Plus généralement, la quantité d'énergie solaire reçue varie comme l'inverse du carré de la distance. Mars, dont la distance héliocentrique moyenne est de 1,5 unité astronomique, reçoit 2,25 fois moins d'énergie que la Terre par unité de surface, soit à peine plus de 600 W par mètre carré. Pour Jupiter, à 5 unités astronomiques, cette quantité tombe à 55 W par mètre carré, et à moins de 15 W au niveau de l'orbite de Saturne. On comprend pourquoi seul un puissant effet de serre aurait permis de stabiliser l'eau liquide à la surface de Titan, ce qui n'a pas été le cas. C'est aussi pourquoi les sondes Voyager parties explorer le système solaire externe ne pouvaient pas compter sur l'énergie solaire, qui aurait exigé des panneaux solaires beaucoup trop grands : elles étaient donc munies de générateurs radioactifs.

Ce que la Terre reçoit du Soleil se calcule donc aisément : elle intercepte le rayonnement sur une surface égale à πR^2, où R est son rayon, voisin de 6 400 kilomètres. À raison de 1 400 W par mètre carré, le Soleil fournit à la Terre, chaque seconde, $1\ 400 \times \pi R^2$, soit un peu moins de $2\ 10^{17}$ W, 200 millions de milliards de watts. Pour Mars, qui est à la fois plus éloignée et plus petite, la puissance reçue du Soleil est dix fois moindre. Cette énergie solaire est considérable et dépasse, on va le voir, toutes les autres contributions énergétiques. On serait même tenté de les négliger et de considérer que le Soleil contrôle à lui seul l'évolution de la Terre, comme celle de Mars et des autres planètes telluriques. Ce ne serait pourtant pas exact, car l'énergie solaire ne pénètre pas dans la matière solide, ni même liquide : à quelques mètres sous l'eau, il fait noir. Elle ne peut donc en aucune manière être responsable de l'activité interne de ces planètes, laquelle prend naissance des dizaines, des centaines, voire des milliers de kilomètres sous la surface. Il faut tenir compte d'autres énergies, qui prennent leur source dans la planète elle-même. L'énergie solaire sera prédominante pour l'évolution de la surface et de l'atmosphère des planètes, même si, on va le voir, les sources d'énergie internes y jouent également leur partition.

L'idée que le Soleil joue le rôle majeur dans l'évolution planétaire a été et reste encore largement partagée. Il faut probablement y voir le résultat des combats violents qu'a exigés l'acceptation de l'héliocentrisme, reléguant la Terre à un rôle secondaire. Il fut si difficile de faire admettre que le Soleil régisse le mouvement des planètes que son rôle s'est vu ensuite hypertrophié : son champ de gravité et son rayonnement détermineraient l'ensemble des propriétés des planètes. Il serait la source fondamentale et exclusive de leur évolution. Pourtant, pour de nombreux processus qui s'y déroulent, il ne joue pas le premier rôle.

La force électromagnétique peut intervenir sous d'autres formes. De même qu'il faut fournir de l'énergie à de l'eau liquide pour qu'elle se transforme en vapeur, de même les changements de phase inverses, la condensation de la vapeur en liquide ou du liquide en solide libèrent de l'énergie. Dès lors que les conditions sont remplies, de tels processus participent à la production énergétique globale. Par exemple, à mesure qu'on pénètre dans l'atmosphère de Jupiter, la pression et la température augmentent jusqu'au point où l'hydrogène devient métallique et où l'hélium n'est plus miscible et se condense. La formation et la précipitation de gouttelettes d'hélium s'accompagnent d'une production d'énergie qui peut s'avérer majeure. Autre exemple : le noyau de la Terre est constitué d'un cœur solide entouré d'une zone liquide. Au cours du temps, le refroidissement entraîne la solidification progressive du liquide et l'extension de la graine solide : la libération d'énergie liée à ce changement d'état ralentit le processus lui-même, ce qui explique qu'aujourd'hui encore la zone liquide soit de grande dimension et qu'un mouvement convectif y génère un champ magnétique.

Pour Mars comme pour la Terre, le Soleil, malgré l'énergie considérable qu'il envoie, ne contribue qu'au chauffage de la surface et de l'atmosphère ; son rayonnement ne pénètre pas au-delà des couches les plus superficielles et ne participe donc pas à l'activité interne. L'énergie qu'il faut prendre en compte provient de la transformation spontanée d'éléments qui y sont piégés depuis leur formation il y a plus de 4,5 milliards d'années.

Le fait que certains éléments sont *radioactifs* a été découvert, il y a plus d'un siècle, par Henri Becquerel. Il s'est aperçu, en travaillant sur des sels d'uranium, que certains minéraux ont la propriété d'impressionner une plaque photographique en l'absence de toute lumière solaire visible : ils émettent eux-mêmes un rayonnement. Marie Curie, quelques mois plus tard, a confirmé et élargi cette découverte et a baptisé le phénomène *radioactivité*. Ernest Rutherford a découvert en 1899 que l'uranium émettait deux types de rayonnement qui diffèrent par la profondeur de leur pénétration dans la matière. Il baptisa « radioactivité alpha » celui qui était arrêté le premier et « radioactivité bêta » celui qui pénétrait plus profond. Il montra que le rayonnement alpha était constitué de particules chargées et de masse non nulle : les *particules alpha* sont des noyaux d'hélium ; les *particules bêta*, des électrons.

Pour la première fois, on montrait ainsi que certains éléments avaient le comportement spontané que les alchimistes rêvaient de réaliser : ils se transformaient en d'autres éléments. Cette transmutation s'accompagne de l'émission d'autres particules et de la libération d'une grande quantité d'énergie. La radioactivité bêta consiste en la transformation d'un proton en neutron ou d'un neutron en proton, avec émission d'un électron et d'un neutrino et dégagement de beaucoup d'énergie.

Ces réactions de désintégration radioactive peuvent se produire spontanément (on parle alors de radioactivité *naturelle*) si le noyau résultant est plus stable que le noyau d'origine. Pour comprendre l'évolution des planètes, et rendre compte des différences qu'on y observe, la prise en compte des effets de la radioactivité est indispensable ; elle contribue notamment au maintien et à l'évolution de la vie sur Terre.

L'existence d'éléments radioactifs qui se transforment spontanément en d'autres n'est pas un fait d'observation commune. Tout au contraire, on croit généralement que tous les éléments qui constituent la matière sont fondamentalement stables et pérennes. Cela correspond à une réalité profonde. Les atomes du système solaire actuel étaient présents avant même qu'il ne se forme, il y a plus de 4,5 milliards d'années ; pratiquement aucun d'entre eux n'a été fabriqué depuis. Le monde qui nous entoure et dont nous sommes faits est donc essentiellement constitué d'éléments stables, pour avoir une durée de vie aussi longue. Un très petit nombre, pourtant, possède la propriété d'être radioactifs et de se transformer maintenant, alors qu'eux aussi ont été formés il y a plus de 4,5 milliards d'années : éléments radioactifs et éléments stables ont une même origine et sont fondamentalement de même nature.

Le seul élément qui soit réellement différent, en termes d'origine et donc d'âge, est l'hydrogène. Les noyaux d'hydrogène, qui ne sont faits que d'un proton, ont tous été formés aux toutes premières étapes du Big Bang, quand l'Univers était âgé de moins d'une seconde et sa température, extrêmement élevée : plus de 2 000 milliards de degrés. Il faut en effet une telle température pour que la synthèse d'un proton soit possible, à partir des particules élémentaires qui le constituent, des *quarks*. Depuis, nulle part ailleurs dans l'Univers de telles conditions ne semblent avoir existé : il ne s'en forme plus. Tous les atomes d'hydrogène, qu'ils soient dans l'eau, le sang, les os, les nuages, les acides ou les pierres, ont le même âge, celui de l'Univers, plus de 13 milliards d'années. Jusqu'à ce que les premières étoiles soient apparues, quelques centaines de milliers d'années après le Big Bang, la matière était surtout constituée d'hydrogène, d'un peu d'hélium, et de pratiquement aucun autre élément. Du fait de son expansion, l'Univers a vu sa température décroître tellement, et tellement rapidement, que la transformation de l'hydrogène en éléments plus lourds, qui exige des températures nettement supérieures au million de degré, n'a pu s'opérer que très partiellement ; elle n'a donné lieu à la synthèse que d'hélium. Quand l'Univers était âgé d'une minute, sa température moyenne était déjà descendue en dessous du million de degrés, trop basse pour que l'hélium se transforme en éléments plus lourds.

La synthèse de tous les éléments comme le carbone, l'azote, l'oxygène, le phosphore, ou les métaux (aluminium, magnésium, fer...) n'a pu s'effectuer que dans les étoiles : c'est là que l'effondrement gravitationnel élève la température à plusieurs millions de degrés, ce qui allume des réactions de fusion thermonucléaire qui transforment l'hydrogène en noyaux plus lourds. Les étoiles sont donc les sites de formation de presque tous les noyaux présents dans la nature, autres que l'hydrogène. Les réactions qui les synthétisent produisent de l'énergie, beaucoup plus qu'elles n'en consomment pour s'allumer : c'est pourquoi les étoiles brillent.

Lors de ces synthèses, les noyaux créés, qui regroupent en nombre variable des protons et des neutrons, ne constituent pas tous des édifices stables. Les protons, de charge positive, tendent à se repousser avec une force considérable : la stabilité nucléaire suppose l'existence d'une force attractive encore plus intense, capable de compenser la répulsion. Mais cette attraction de la force nucléaire peut ne pas être suffisante pour maintenir la cohésion, si bien que certains assemblages ne durent pas. La radioactivité est l'un des modes de transformation des noyaux instables.

La stabilité des noyaux est fonction, de manière assez complexe, du nombre relatif de protons et de neutrons qui les constituent. On quantifie la stabilité d'un noyau par sa *durée de vie*, c'est-à-dire le temps moyen qu'il faut attendre pour que la moitié des noyaux se soient transformés. La loi de décroissance, dite exponentielle, est très rapide : au bout de trois fois la durée de vie, 90 % des noyaux se sont transformés. Après un temps égal à vingt fois la durée de vie, seul un noyau par million ne s'est pas transformé. Si une espèce possède une durée de vie d'une seconde, en une minute elle s'est entièrement transformée en ses produits de désintégration. Si sa durée de vie est de 1 million d'années, il n'en reste plus après 1 milliard d'années. La stabilité d'une espèce n'est donc pas une notion absolue, mais relative aux échelles de temps que l'on considère.

Les atomes dont est faite toute la matière du système solaire actuel ont été synthétisés avant même qu'il ne se soit formé : ils ont donc une durée de vie au moins égale à 4,5 milliards d'années.

En revanche, la matière qui constituait le système solaire à ses débuts pouvait contenir des noyaux qui ont disparu depuis. En se transformant, ils ont produit de l'énergie qui a pu se révéler essentielle pour l'évolution primordiale. Prenons un exemple.

L'aluminium n'est constitué que d'un seul isotope stable – on appelle « isotopes » des éléments qui ont le même nombre de protons, mais des nombres différents de neutrons. Dans ce cas, l'isotope stable contient 13 protons et 14 neutrons ; il possède donc 27 nucléons (protons et neutrons) et se note ^{27}Al. Tout l'aluminium présent sur Terre et dans le système solaire est exclusivement du ^{27}Al. Toutefois, quand l'aluminium a été synthétisé dans certaines étoiles présentes dans notre Galaxie avant que le Soleil ne se soit formé, d'autres isotopes ont pu être formés. Tout particulièrement, il en existe un, noté ^{26}Al, qui ne contient que 13 neutrons – et possède donc 26 nucléons. Cet isotope a une durée de vie de 700 000 ans : quelques millions d'années après avoir été formés, presque tous les noyaux de ^{26}Al se sont transformés, par radioactivité bêta, en magnésium ^{26}Mg : c'est pourquoi il n'y a plus du tout de ^{26}Al aujourd'hui dans le système solaire. En revanche, on a retrouvé, dans certains échantillons de météorites, provenant d'astéroïdes *primitifs* pour avoir préservé leurs propriétés d'origine, des excédents de ^{26}Mg dont on a pu montrer qu'ils proviennent de la désintégration, *in situ*, de noyaux de ^{26}Al. On a même pu évaluer la quantité relative des deux isotopes : le rapport ^{26}Al/^{27}Al initial serait voisin de cinquante millionièmes, ce qui correspond à une concentration assez importante de ^{26}Al. Cette découverte revêt une grande importance.

Elle montre d'une part qu'il existe bien, dans le système solaire, des astéroïdes primitifs qui n'ont pas été retravaillés par des processus de différenciation effaçant la mémoire des propriétés initiales. L'analyse d'échantillons provenant de tels objets offre donc la possibilité d'accéder, directement, aux propriétés originelles.

En second lieu, deux origines ont été proposées pour ^{26}Al dans la cavité solaire primitive, qui toutes deux fournissent des indications très intéressantes. Selon l'une d'elles, le Soleil, dans ses premières phases, émettait des flux importants de particules énergétiques qui ont pu irradier intensément la matière de la nébuleuse, synthétisant des noyaux instables, dont ^{26}Al. Puisqu'on connaît l'efficacité de la réaction transformant le ^{26}Al en ^{26}Mg, les excès de ^{26}Mg permettent de quantifier les doses d'irradiation reçues à cette époque, et d'en déduire d'autres effets éventuels.

Pour l'autre, ^{26}Al aurait été synthétisé dans une étoile avant que le Soleil ne se forme. Les excès de ^{26}Mg permettent donc de décrire l'environnement stellaire du Soleil au moment de sa naissance, par l'identification d'étoiles spécifiques au sein desquelles des noyaux de ^{26}Al ont pu se former. En outre, elle indique qu'il n'a pas pu se passer plus de quelques millions d'années entre le moment où les noyaux de ^{26}Al ont été synthétisés, dans quelque étoile proche, et celui où les astéroïdes se sont formés ; car, sinon, tout le ^{26}Al aurait eu le temps d'être transformé en ^{26}Mg dans le gaz de la nébuleuse, lequel y aurait été rapidement homogénéisé, si bien qu'aucun astéroïde n'aurait piégé de ^{26}Al ni d'excédent de ^{26}Mg. Une telle durée est très brève aux échelles de temps caractéristiques de la formation et de l'évolution des planètes. L'une des hypothèses avancées serait que le ^{26}Al s'est formé dans une étoile de grande masse, qui aurait terminé sa vie en explosant sous forme de *supernova* quelques centaines de milliers d'années au plus avant que ne se condense le système solaire : elle aurait alors éjecté dans l'espace l'ensemble des noyaux qu'elle avait formés par réactions de fusion nucléaire successives, enrichissant progressivement le milieu interstellaire environnant en éléments plus lourds que l'hydrogène. L'explosion d'une telle étoile aurait même pu, par les effets dynamiques associés, favoriser l'effondrement de notre propre nuage protosolaire.

La découverte d'excédents de ^{26}Mg dans certains échantillons a une dernière conséquence : la transformation de ^{26}Al en ^{26}Mg s'accompagne d'une grande libération d'énergie au sein des objets dans lesquels elle a lieu. Le ^{26}Al n'est pas un cas isolé : il existe d'autres éléments, dits à « courte période », qui ont joué un rôle énergétique équivalent. Aux côtés de l'énergie d'accrétion gravitationnelle, la radioactivité de ces éléments a pu contribuer de manière déterminante à l'apport énergétique initial qui a déclenché la différenciation primitive des protoplanètes.

Tous les éléments de durée de vie beaucoup plus courte que l'âge du système solaire ont donc disparu. Il est remarquable que l'on puisse, dans un certain nombre de cas, par l'identification des éléments radiogéniques qui en sont issus, déterminer qu'ils ont existé et même en évaluer l'abondance. Cela donne accès à des paramètres cruciaux de l'évolution primitive, comme la production d'énergie fournie par leur destruction et l'échelle de temps des processus impliqués dans la formation du système solaire, comme on l'a vu pour le ^{6}Al.

Tous les objets du système solaire contemporain, dans toutes leurs phases, solides ou gazeuses, inertes et vivantes, sont donc constitués d'éléments de durée de vie se mesurant au moins en milliards d'années. Une exception doit être notée : dans l'atmosphère de la Terre, des particules très énergétiques du rayonnement cosmique frappent les atomes et les molécules. Il en résulte des réactions nucléaires, qui fabriquent des noyaux de différentes stabilités. C'est en particulier le cas de la transformation de noyaux d'azote ^{14}N en ^{14}C, qui n'est pas stable mais se transforme par *radioactivité bêta* avec une durée de vie d'un peu plus de 5 000 ans. Il y a ainsi, dans notre atmosphère, un tout petit nombre de noyaux qui, comme le ^{14}C, sont produits en permanence par des réactions nucléaires. Le ^{14}C participe aux réactions chimiques comme les autres isotopes de carbone et se retrouve au sein des molécules de CO_2, dont une très faible fraction est ainsi radioactive. Sous cette forme, il est ingéré par les plantes qui absorbent du gaz carbonique pour leur photosynthèse. C'est cette propriété qui est utilisée pour réaliser la datation d'événements vieux de quelques milliers d'années : lorsqu'une plante meurt, elle n'absorbe plus de molécules de CO_2, et donc ne piège plus de noyaux de ^{14}C radioactifs, et ceux qui s'y trouvent s'y transforment lentement. Le dosage de ce qu'il en reste après une période donnée permet d'en évaluer la durée et donc de dater la mort, par exemple lorsque celle-ci est due à la cuisson d'une poterie dans laquelle des plantes, même microscopiques, s'étaient introduites.

Mis à part ces très rares exceptions, la quasi-totalité des noyaux présents aujourd'hui ont une durée de vie beaucoup plus grande que l'âge du système solaire ; ils sont donc si stables qu'ils ne se désintègrent jamais et ne fournissent aucune énergie. Quatre noyaux principalement, parmi les centaines qui se rencontrent dans la matière alentour, ont une durée de vie proche de celle du système solaire : ^{238}U, ^{235}U, ^{232}Th et ^{40}K. Ce sont eux qui, en se transformant par radioactivité, libèrent de l'énergie encore à présent. Ils sont très peu abondants : en moyenne, moins de 1 pour 100 millions d'atomes. Toutefois, parce qu'ils sont répartis dans la masse même des planètes et des petits corps, la quantité d'énergie qu'ils libèrent à chaque désintégration représente la fraction majeure de l'apport énergétique global.

Ces éléments ne sont pas également abondants partout sur la planète : par suite des différenciations minéralogiques, il y en a beaucoup moins dans le noyau que dans le manteau et la croûte. On peut néanmoins faire une évaluation grossière, mais suffisante, de l'apport énergétique de la radioactivité en supposant les objets homogènes, constitués d'un même matériau issu du système solaire primordial. Avec ces hypothèses, un mètre cube de Terre, de Lune, de Mars ou d'astéroïde contient sensiblement la même concentration de ces isotopes radioactifs. Comme on connaît la probabilité qu'ils se transforment et la quantité d'énergie libérée à chaque désintégration, on peut évaluer la quantité d'énergie libérée chaque seconde dans ce mètre cube : environ vingt milliardièmes de W, ou $2 \ 10^{-8}$ W. Un bien faible radiateur, semble-t-il ! Toutefois, l'énergie libérée dans l'ensemble d'un objet planétaire, proportionnel à son volume, peut prendre de grandes valeurs. Pour la Terre, cela donne une production totale de quarante terawatts, ou $4 \ 10^{13}$ W. Par rapport à ce que la Terre reçoit du Soleil, c'est plus de mille fois moins. Pour autant, cet apport radioactif est dégagé à l'intérieur même de la planète, alors que la lumière solaire, qui est arrêtée à la surface, ne contribue pas à l'activité interne. Tout ce qui fait qu'une planète est active – tremblements de terre, volcanisme, tectonique des plaques et formation des montagnes – est provoqué, à plus de la moitié, par l'énergie radioactive de noyaux d'uranium, de thorium et de potassium, pourtant très rares (il est intéressant de noter que l'activité humaine actuelle, malgré le fort niveau de sous-développement d'une grande partie de la population, utilise une puissance énergétique globale du même ordre de grandeur que celle générée par la Terre pour l'ensemble de son activité interne et ses manifestations de surface !). L'autre contribution à l'apport énergétique global de la Terre interne provient de l'accrétion originelle, non encore totalement dissipée.

Pour Mars aussi, tout comme pour la Lune et les astéroïdes, une fois passées les toutes premières étapes, dominées par l'énergie gravitationnelle de l'accrétion puis du bombardement primordial, c'est la radioactivité qui est responsable au premier chef de l'évolution.

Que l'énergie soit d'origine gravitationnelle ou radioactive, elle se libère à l'intérieur même des objets, ce qui fait jouer à leur taille un rôle important dans l'équilibre thermique. La température résulte en effet d'un équilibre entre l'énergie apportée au système et l'énergie qui s'en échappe, c'est-à-dire entre les gains et les pertes énergétiques. Puisque l'énergie est dégagée dans chaque unité de volume, l'apport global est proportionnel au volume, donc au cube du rayon : un objet de rayon double libérerait huit fois plus d'énergie. En revanche, c'est par rayonnement dans l'espace que s'opère l'essentiel des pertes, c'est-à-dire par la surface : les pertes sont donc proportionnelles au carré du rayon. Un objet de rayon double rayonnerait quatre fois plus. L'équilibre thermique dépend ainsi du rayon : plus l'objet est de grande dimension, plus le rapport du volume à la surface augmente, plus les gains l'emportent sur les pertes, et plus la température est élevée. La Terre est parvenue à un niveau de température supérieur à celui de Mars, lui-même supérieur à celui de la Lune, et ainsi de suite, par taille décroissante.

Les corps plus petits parviennent à évacuer efficacement, par rayonnement de surface, l'énergie accumulée dans leur volume. Ils s'échauffent moins. Il y a donc une taille au-dessous de laquelle les objets demeurent froids et n'ont pas été profondément modifiés au long de leur histoire. Les « petits corps » du système solaire, jusqu'à des dimensions kilométriques, sont restés *primitifs* en ce qu'ils ont conservé les propriétés acquises lors de leur formation. Ce sont des témoins précieux des conditions initiales.

En revanche, les objets de plus grande taille, de plusieurs dizaines de kilomètres au moins, ont vu leur température monter au point de fondre. Le matériau est devenu un *magma*, suffisamment fluide pour que, par gravité, les éléments les plus lourds migrent vers le centre, laissant les plus légers à l'extérieur : les planètes se sont ainsi *différenciées* en un noyau central, un manteau et une croûte superficielle. Dans la partie fluide du manteau, des mouvements de convection se propagent jusqu'à la surface.

Toutefois, les effets de la libération d'énergie ne perdurent pas indéfiniment. La variation dans le temps de l'énergie radioactive est très particulière. Par sa nature même, cette source ne reste pas constante, mais décroît : la libération d'énergie, qui provient de la désintégration de noyaux radioactifs, est proportionnelle à leur nombre. Comme la production d'énergie est liée à la diminution de ce nombre, elle ne peut que diminuer elle-même. C'est une différence majeure avec l'énergie solaire, qui varie très peu.

Dans une pièce froide qu'un radiateur chauffe, la température augmente jusqu'à une valeur qui ne s'élève plus alors que le radiateur continue de fournir la même quantité d'énergie : celle-ci équilibre strictement les pertes, ce qui maintient la température constante. Si l'on arrête le radiateur, la température chute. Pour les objets planétaires, où la production énergétique décroît dans le temps, les températures internes diminuent également : toute planète voit son activité diminuer, depuis un niveau dont on vient de voir qu'il est d'autant plus élevé qu'elle est de grande dimension. Lorsque les effets de l'activité interne ne parviennent plus à la surface, l'objet atteint sa *mort géologique*.

La Lune l'a atteint 1,5 milliard d'années après sa formation ; Mars, dix fois plus massive, est en train de devenir un astre mort, du point de vue géologique. La Terre, dix fois plus massive que Mars, est toujours une planète active. Toutefois, rien ne peut s'opposer à la disparition lente de ses ressources énergétiques d'origine radioactive : elle aussi deviendra un astre mort, indépendamment du fait que le Soleil brille encore ou non. Ce dernier pourrait encore avoir de grandes réserves d'hydrogène à transformer en hélium, libérant le même rayonnement qu'à présent, quand la Terre verrait ses ressources radioactives insuffisantes pour maintenir son activité : la vie sur Terre pourrait bien disparaître sous un Soleil très semblable à ce qu'il est aujourd'hui.

Quels sont les effets de l'activité interne ? Ils se manifestent à la fois à l'intérieur des objets, en surface et dans leur atmosphère. Au cœur de la Terre, le noyau est un mélange métallique, de fer et de nickel. La température et la pression, très élevées, font de son centre une *graine* solide qu'entoure un noyau liquide. Une propriété des métaux est de laisser les électrons libres de circuler dans le réseau cristallin, ce qui engendre des courants électriques dès lors qu'un mouvement est créé, par exemple du fait d'une différence de potentiel dans un fil de cuivre qui devient un « conducteur électrique ». Par contraste, à l'état gazeux, les électrons restent liés à un atome particulier ; électrons et noyaux ne se déplacent qu'ensemble, et le milieu n'est pas conducteur d'électricité. Si un métal liquide est mis en mouvement, les électrons, légers et donc rapides, sont la source de courants électriques. Lorsque le mouvement est tel qu'il engendre suffisamment de boucles de courant turbulentes, celles-ci génèrent spontanément un champ magnétique global. Le mouvement du noyau liquide de la Terre est à l'origine du magnétisme terrestre, que la boussole repère. On estime que, aujourd'hui encore, la moitié de l'énergie du noyau de la Terre, qui entretient cette machine, est d'origine gravitationnelle ; accumulée alors même que la planète se formait, il y a plus de 4,5 milliards d'années, elle n'a pas été encore totalement évacuée et est restée en partie piégée jusqu'à ce jour.

Dans le manteau, l'effet principal du dégagement d'énergie est de chauffer les roches au point d'en faire un magma suffisamment fluide pour être mis en mouvement : il rend possible la convection planétaire, que nous avons décrite plus haut. Par ces courants convectifs, des masses de matière chaude migrent vers la surface, pendant que des volumes équivalents de matériau froid descendent de la surface vers le manteau. Dans son mouvement ascendant, le magma se refroidit, pour durcir en surface sous forme de *plaques* de roches solides, ou *lithosphériques* (*lithos* signifiant « pierre » en grec) : c'est une *tectonique de plaques*.

Dans le cas de la Terre, il y a ainsi une dizaine de grandes boucles convectives : le mouvement ascendant, à une vitesse de quelques centimètres par an, débouche au niveau de *dorsales* où se forment les plaques. Celles-ci se déplacent en s'éloignant de celles-là, s'épaississant jusqu'à ce que leur masse les fasse plonger vers le manteau. Elles y pénètrent au prix d'un choc colossal, éventuellement contre une plaque en mouvement contraire : l'affrontement s'opère au niveau d'une zone de *subduction*. Compte tenu de leur vitesse de progression, il ne faut que quelques centaines de millions d'années au plus pour parcourir les quelques milliers de kilomètres séparant une dorsale d'une zone de subduction. Les plaques lithosphériques sont des terrains jeunes, en regard de l'âge de la Terre, ce qui les distingue des continents qu'elles portent, et qui, trop légers, ne retournent pas au manteau : ils sont âgés de plusieurs milliards d'années.

En moyenne, l'enfouissement des plaques s'opère à une vitesse égale, bien entendu, à celle du mouvement ascendant. Toutefois, parce qu'il se double d'un choc violent, il ne constitue pas un processus régulier et tranquille. Les tensions s'accumulent, se propagent le long de failles formées par le choc, et se relâchent par à-coups violents. C'est l'origine des tremblements de terre et des tsunamis, selon que la surface est solide (continentale ou insulaire) ou océanique.

Pour l'essentiel, on n'aperçoit pas les plaques lithosphériques terrestres ; dans les conditions climatiques contemporaines, elles sont presque entièrement recouvertes par l'eau des océans terrestres. Les dorsales océaniques se trouvent à plusieurs milliers de mètres de profondeur, sauf en deux endroits où elles affleurent, au sud de l'Islande et dans la région des Afars, vaste dépression de l'Est africain, à l'ouest de la mer Rouge. Comme elles sont les lieux privilégiés d'affleurement du magma, c'est le long des dorsales que se situe l'essentiel du volcanisme terrestre.

L'eau ne recouvre que les deux tiers des plaques lithosphériques. La fraction restante supporte de grands blocs solides, les continents. Posés sur les plaques, avec une densité moindre, ils en suivent le déplacement ; la *dérive des continents,* proposée par le géophysicien Alfred Wegener dès 1915, traduit le mouvement de leur soubassement. Ce mouvement, imperceptible et dès lors non mesurable, ne pouvait pas non plus être expliqué faute de connaître l'existence de plaques sous-jacentes ; totalement étrangère aux conceptions de l'époque, qui voulaient l'Univers statique à toutes ses échelles, cette théorie ne fut pas acceptée. Il fallut attendre les premières mesures attestant du mouvement du plancher océanique pour que la dérive des continents soit de nouveau prise en considération comme l'un des effets du fonctionnement de la machine terrestre, à savoir de la convection de son manteau entretenue principalement par la radioactivité naturelle.

Dans ce cadre, toutes les structures rencontrées à la surface de la Terre, depuis les chaînes de montagnes jusqu'aux archipels océaniques, ont trouvé une explication cohérente. Leur existence traduit la manière spécifique qu'a la Terre de réguler son équilibre énergétique. Dans le cas de la Lune, l'activité interne s'est réduite au remplissage des bassins d'impact les plus profonds, qui a donné naissance aux *mers* lunaires. Sur Mars en revanche, de multiples structures de surface attestent d'une activité interne importante, sans qu'une tectonique de plaques multiples puisse être invoquée ; on n'observe ni montagnes ni archipels volcaniques.

Les propriétés de l'atmosphère des planètes dépendent également du niveau de l'activité interne. De nombreux composés sont en effet piégés continuellement par la surface et recyclés dans l'atmosphère par évaporation ou dégazage. C'est le cas des constituants volatils piégés dans les roches au moment même de la formation planétaire. Progressivement, ils sont relâchés dans l'atmosphère par le chauffage interne et la montée de magma : sur Terre, le dégazage survient au niveau des dorsales et lors des éruptions volcaniques. L'apport en composés atmosphériques peut suivre un autre chemin. L'essentiel du gaz carbonique terrestre est aujourd'hui piégé sous la forme de carbonates et de schistes, lentement sédimentés aux fonds des mers et des océans. Lorsqu'un continent parvient au niveau d'une zone de subduction, la fusion de sa base, même très partielle, permet à une fraction de ces roches de se transformer en gaz : du gaz carbonique est libéré.

Par ce processus, seule une très faible fraction des réserves de CO_2 terrestre, pour l'essentiel bloqué sous forme solide, est recyclée en molécules gazeuses. Elle est suffisante toutefois pour jouer un rôle fondamental : elle contribue à l'effet de serre, qui permet à la température à la surface de la Terre d'être supérieure à 0 °C et à l'eau de rester liquide. (Cette concentration est tellement faible que l'homme désormais, par son activité, en fabrique une quantité du même ordre de grandeur : en quelques décennies, elle a augmenté d'un tiers, et elle aura doublé avant le milieu de ce siècle. Le bilan thermique en est bouleversé au point de mettre en péril les équilibres subtils qui régissent notre climat.) Si ce recyclage vient à faiblir, voire à s'arrêter, le piégeage l'emporte, et ces espèces atmosphériques disparaissent peu à peu.

En résumé, la radioactivité, quoique ne produisant qu'une quantité d'énergie nettement plus faible que le Soleil, contribue d'une manière majeure à l'activité planétaire. L'énergie qu'elle génère est libérée au cœur même du manteau et de la croûte, alors que le rayonnement solaire reste bloqué en surface. Elle ne se contente pas de contrôler le mouvement des couches profondes. Par les effets de surface qui en dérivent, dont le recyclage de constituants atmosphériques, elle joue un grand rôle dans l'évolution de l'atmosphère : sans elle, la vie n'aurait pu émerger ni se maintenir et s'adapter.

Pierres de Rosette

Comme on l'a vu, les objets suffisamment petits n'ont pas subi de modifications de leurs propriétés et sont restés *primitifs* : ils ont pu évacuer par leur surface l'énergie libérée dans le volume et ont préservé jusqu'à aujourd'hui les conditions qui régnaient au moment de leur formation. Leur analyse permet d'accéder aux conditions initiales de l'évolution du système solaire. Les dimensions de tels objets sont de l'ordre de quelques dizaines de kilomètres au plus. Il en existe plusieurs familles. Les plus petits des astéroïdes, ces innombrables objets dont l'accrétion en planète a été bloquée par les perturbations gravitationnelles de Jupiter, en constituent un gigantesque réservoir. Parmi les météorites qui nous viennent de ces petits corps, une classe particulière provient des plus primitifs d'entre eux, reconnaissable à la composition des grains qui les constituent. C'est en analysant ces météorites primitives que les chercheurs ont découvert des *anomalies isotopiques*, comme l'excédent de ^{26}Mg, discuté plus haut, qui portent peut-être la mémoire des sites stellaires, présolaires, où ils ont été formés, et nous permettent de remonter à l'histoire et à la géographie du système solaire naissant.

La croissance de Jupiter et des autres planètes géantes a également perturbé le système solaire externe. La composition de ces objets était différente de celle des astéroïdes et des planètes internes : au-delà de l'orbite de Jupiter, il faisait tellement froid que l'eau, le méthane ou le gaz carbonique étaient gelés en glaces, qui constituaient la majorité des espèces solides présentes. À très basses températures, les grains de glace se comportent, lors de chocs, comme des grains minéraux : lorsque la vitesse des impacts n'est pas trop grande, ils s'agglutinent pour donner naissance à des corps piégeant dans leur matrice de glace des grains minéraux. C'est pourquoi, au-delà de l'orbite de Jupiter, la plupart des objets qui s'y sont formés sont avant tout faits de glace d'eau. Ceux qui ont été formés à plusieurs dizaines d'unités astronomiques, au-delà de l'orbite de Neptune, peuplent la *ceinture de Kuiper*, dont les premiers objets ont été observés au télescope il y a un peu plus de 10 ans. Pluton appartiendrait à cet ensemble, et en serait le plus massif : de neuvième et dernière des planètes, elle vient d'être reclassée comme la première *planète naine*. Depuis le congrès de 2006 de l'Union astronomique internationale, il n'y a plus que huit planètes dans le système solaire.

L'apparition de Jupiter a bloqué la croissance de la plupart d'entre ceux qui se trouvaient à proximité ; très peu ont atteint des dimensions dépassant quelques kilomètres. Les perturbations gravitationnelles en ont entraîné la plupart sur des trajectoires en résonance avec celles des planètes géantes. Cela a conduit à en expulser le plus grand nombre à de très grandes distances du Soleil, aux confins du système solaire. À de telles distances, on ne peut les analyser ni même les observer : on ne connaît leur existence que parce qu'il leur arrive de pénétrer à nouveau dans le système solaire interne, après que leur trajectoire a été perturbée par le passage d'une étoile proche. On détermine leur provenance en reconstituant leur trajectoire. C'est l'astronome néerlandais Jan Oort qui a le premier effectué et interprété ces observations : le réservoir de ces objets est nommé *nuage de Oort*.

Ces blocs de glace ont des tailles suffisamment petites pour ne pas posséder de réserves radioactives capables de les chauffer ; en outre, la température extérieure est tellement basse que rien n'a permis qu'ils évoluent. Ils ont donc conservé, presque intactes, les propriétés de leur formation. Qu'ils proviennent de la *ceinture de Kuiper* ou du *nuage de Oort*, quand l'un de ces objets se rapproche du Soleil, sa surface est chauffée, la glace se sublime et fabrique une enveloppe de gaz qui réfléchit la lumière comme une gigantesque chevelure (*coma* en latin) et rend l'objet visible : c'est une *comète*.

Les comètes peuvent avoir une trajectoire hyperbolique et ne passer qu'une fois ; elles peuvent au contraire avoir une trajectoire elliptique et devenir périodiques. À chaque passage au plus près du Soleil, si la distance ne dépasse pas une ou deux unités astronomiques, le noyau cométaire perd ainsi plusieurs mètres d'épaisseur :

après quelques dizaines de révolutions, ce qui prend quelques siècles, quelques milliers d'années au plus, toute la glace a disparu. Ainsi, lorsque ces blocs de glace sont renvoyés dans le système solaire interne et deviennent des comètes, ils entament leur chant du cygne : après être restés plus de 4,5 milliards d'années loin de toute perturbation, dans leur état d'origine, ils s'épluchent au contact du Soleil, couche après couche, et meurent rapidement.

Les comètes constituent donc une famille très particulière de petits corps primitifs, préservés par suite de l'évolution de notre système faisant jouer aux planètes géantes un rôle dynamique essentiel. Formées à de grandes distances héliocentriques, elles ont échantillonné une partie du nuage protosolaire distincte de celle où se sont formés astéroïdes et planètes internes, en se chargeant d'eau et d'autres composés volatils : ceux-ci ont pu jouer un grand rôle dans l'histoire ultérieure des planètes internes, comme Mars et la Terre ; on l'a compris depuis peu de temps, grâce à l'exploration spatiale de la *comète de Halley*.

La comète de Halley est l'une des comètes les plus brillantes, et donc les plus célèbres. Sa trajectoire l'approche à moins de 0,6 unité astronomique du Soleil tous les 76 ans, et son passage au périhélie passe alors rarement inaperçu : pendant plusieurs semaines, elle peut apparaître comme une longue traînée dans le ciel, plus claire que la pleine Lune. On comprend que les témoins de ce spectacle en aient été intrigués. C'est pourquoi on possède de multiples enregistrements de ses apparitions, dont un grand nombre a pu être daté. Par exemple, le Florentin Giotto était en train de peindre une Annonciation, en 1301, quand cet objet a illuminé le ciel : il l'a représenté comme l'*étoile de Bethléem*, annonciatrice de la naissance du Christ ; ce tableau est aujourd'hui à la chapelle des Scrovegni de Padoue. On retrouve la comète de Halley dans la tapisserie de Bayeux, illustrant l'attaque de l'Angleterre du roi Harald par Guillaume le Conquérant, en 1066 – présage de victoire ou de défaite selon le côté de la Manche d'où on l'observa. Tantôt messager du bien, tantôt du mal, un événement si extraordinaire ne pouvait qu'être chargé de signification transcendantale.

C'est l'astronome britannique Edmund Halley qui le premier pensa, en 1705, que l'objet qu'il avait observé en 1682 était identique à celui apparu en 1607, 1531, 1456. S'appuyant sur les lois de la gravité que Newton venait d'établir, il a proposé qu'il s'agissait de l'apparition récurrente d'un même objet en orbite autour du Soleil. Il a ainsi calculé la date de l'apparition suivante. Cet objet est effectivement réapparu dans le ciel fin 1758, comme il l'avait prévu, avec un passage au périhélie en mars 1759, 15 ans après sa propre mort ; ce fut une confirmation remarquable de son hypothèse, et plus largement de la gravitation newtonienne : la *comète de Halley* porte depuis son nom.

Lors de son passage en 1910, la comète de Halley, vue de la Terre, était très brillante : on en possède ainsi de nombreux documents photographiques, et de premières observations spectroscopiques faites au télescope. On a détecté parmi les constituants de sa chevelure le radical CN, ce qui a introduit chez certains la peur que la comète ne détruise la vie sur Terre, en l'arrosant de cyanure…

Pour son passage suivant, elle était mal située par rapport à la Terre, car de l'autre côté du Soleil quand elle en était au plus près, en mars 1986. On n'a donc pu l'observer qu'assez longtemps avant, puis après qu'elle fut passée à son périhélie : elle était alors peu brillante et ce ne fut pas un passage spectaculaire. En revanche, il a été décidé d'envoyer des sondes spatiales à sa rencontre, pour l'observer lorsqu'elle croiserait le plan de l'écliptique. Ce fut le premier programme spatial d'exploration d'un noyau cométaire. Pas moins de cinq sondes ont été lancées : deux japonaises, Sakigake et Suisei ; deux soviétiques, VEGA 1 et VEGA 2 ; une européenne, Giotto. Pour la première fois, l'agence spatiale européenne envoyait une sonde hors de l'attraction de la Terre.

Il n'était pas question de se mettre en orbite ou de se poser à même le noyau. L'objectif était de le survoler et d'effectuer les mesures pendant les quelques minutes où la distance ne serait pas trop grande. Ce programme, pionnier, s'est révélé particulièrement fécond. Les sondes japonaises avaient comme objectif d'étudier l'influence de la chevelure cométaire sur le champ magnétique interplanétaire. Les trois autres sondes visaient au contraire à se rapprocher au plus près possible du noyau, pour en faire des images, observer son activité et analyser sa composition et celle de la chevelure interne : jamais auparavant on n'avait observé un noyau cométaire.

Au télescope, les noyaux sont trop petits pour être observés quand ils sont suffisamment éloignés du Soleil pour que la glace ne se sublime pas. On ne les détecte que lorsqu'ils s'en approchent, mais ils sont alors entourés par leur épaisse chevelure qui les masque. À partir de l'observation de celle-ci, on tente de remonter aux caractéristiques des *molécules mères*, supposées être les constituants du noyau. Leur composition renvoie aux conditions du nuage présolaire dont l'effondrement a donné naissance non seulement aux comètes, mais à l'ensemble des objets du système solaire ; les comètes en ont conservé l'essentiel. Toutefois, les espèces qu'on observe dans la chevelure ont été extraites du noyau par le rayonnement solaire, qui les a ensuite irradiées intensément et peut avoir modifié leur composition. Ainsi, les queues de gaz apparaissent bleutées car elles contiennent des ions CO^+. Est-ce que les molécules mères carbonées, qui sont à l'origine de ces ions, sont plutôt sous la forme oxydée (CO_2) ou réductrice (CH_4) ?

Tel était le type de questions qui travaillaient alors les scientifiques, car la nature des molécules organiques a certainement été déterminante pour l'évolution chimique et biochimique du système solaire. En laboratoire, la complexité moléculaire obtenue à partir d'un mélange ($CH_4 + NH_3$) est supérieure à celle qu'on obtient en partant de ($CO_2 + N_2$), quel que soit le type d'énergie qu'on y libère. Vénus et Mars possèdent une atmosphère très largement dominée par du CO_2 ; en revanche, pour les objets éloignés comme Jupiter, Saturne ou Titan, le CH_4 semble dominer : est-ce qu'il s'agit des constituants primordiaux ou résultent-ils d'une réaction ultérieure ? Les comètes, qui se sont formées à grandes distances du Soleil et n'ont pas évolué depuis, pourraient apporter la réponse.

Les premières sondes spatiales parvenues sur place furent les sondes VEGA. C'étaient des vaisseaux de très grandes dimensions, de plus de 7 tonnes au lancement. Leur nom empruntait les deux premières lettres des deux cibles qu'elles visaient : VEnus, et HAlley, qui, en russe, se prononce Galley. Les Soviétiques avaient décidé de modifier leur mission d'exploration de Vénus : après en avoir réalisé le survol, le vaisseau principal serait dirigé vers la comète de Halley.

Pour chacune des deux sondes VEGA, le premier objectif était donc de passer par Vénus et d'y larguer un module. Il devait déployer des ballons dans l'atmosphère, pour en étudier la dynamique et les propriétés chimiques, puis se poser sur la surface et y procéder à des analyses. Pour VEGA 1 et VEGA 2, ce fut un succès remarquable : les ballons, réalisés par le CNES, l'agence spatiale française, ont fonctionné pendant plusieurs heures, parcourant plus de 1 000 kilomètres et mettant en évidence les propriétés de rotation collective de l'atmosphère. Les modules de surface ont également parfaitement rempli leur mission malgré les conditions de température et de pression impressionnantes qui règnent à la surface de Vénus : elles imposent d'effectuer toutes les mesures en quelques minutes, et d'en transmettre les données immédiatement, car les systèmes de bord ne peuvent résister plus longtemps. Les sondes ont eu le temps de prélever des échantillons de sol qu'elles ont introduits dans des compartiments sous vide, pour effectuer l'analyse de leur composition par spectrométrie X et gamma : le sol de Vénus a des propriétés proches de celles des basaltes terrestres.

Les engins principaux ont ensuite continué leur route vers leur destination finale : le noyau de la comète de Halley, qu'ils ont atteint les 6 et 9 mars 1986. Au moment de la rencontre, la vitesse relative entre ces sondes et la comète était extrêmement élevée : près de 70 km/s, soit 250 000 km/h. Afin d'observer le noyau le plus longtemps possible, les instruments principaux étaient montés sur une plate-forme conçue pour le pointer en permanence : c'est l'analyse faite à bord, automatiquement, des images elles-mêmes qui commandait la rotation de la plate-forme pour maintenir le noyau au centre de l'image. La vitesse relative exigeait en effet que le demi-tour complet soit effectué en quelques minutes seulement, c'est-à-dire en moins de temps qu'il n'en fallait pour que les données soient transmises jusqu'à la Terre. Ce n'est qu'une fois le survol terminé qu'on a constaté, après réception des données, que, pour chacune des deux sondes, tout s'était déroulé comme prévu.

Les deux sondes VEGA sont ainsi passées à moins de 10 000 kilomètres du noyau et ont permis d'en localiser précisément la trajectoire : grâce à cela, la sonde Giotto, qui devait arriver quelques jours plus tard, le 13 mars, a pu s'en approcher encore davantage. De beaucoup plus faible masse, elle ne possédait pas de système de pointage des instruments : elle observait dans l'axe, droit devant elle. Grâce aux sondes VEGA, sa trajectoire a pu être finement corrigée pour se diriger à quelques centaines de kilomètres seulement du noyau de la comète de Halley, et réaliser des mesures et des images de qualité exceptionnelle.

Les observations de VEGA et de Giotto ont conduit à des découvertes très importantes. On savait que la comète de Halley, comme toutes les comètes, était surtout constituée de glace, en particulier de glace d'eau. On s'attendait donc à ce que le noyau fût très brillant, à l'image d'un glacier terrestre. Tout au contraire, il s'est révélé comme le plus sombre des objets jamais observés dans l'espace : trois fois plus que les mers lunaires, les plus sombres terrains de la Lune ; noir comme du charbon. Et, pourtant, les analyses de la surface confirmaient bien que la glace d'eau en était de loin le constituant majoritaire.

L'explication est venue d'analyses de la composition des espèces contenant du carbone. Elles ont montré qu'une grande fraction du carbone semblait se trouver non pas sous la forme de CO_2 ou de CH_4, mais sous une troisième forme, qu'on ne pouvait identifier avec certitude. On s'est aperçu que la moitié des grains éjectés de la surface, collectés jusqu'à des dizaines de milliers de kilomètres du noyau, ne contenaient que quatre atomes : C, H, O et N. C'étaient des grains organiques, peut-être constitués d'une seule molécule, de très grande dimension, produit polymérisé, très stable, capable de résister au rayonnement solaire. D'autres analyses ont confirmé que ce qui rend le noyau cométaire si sombre est la présence de certaines molécules organiques parsemées dans la glace de sa surface. De tels composés sont aisément obtenus dans la chimie terrestre quand de la matière organique est chauffée au point de se polymériser en se déshydrogénant. C'est un tel *cracking* qui noircit les brûleurs d'une cuisinière lorsque de la graisse mal nettoyée s'y transforme, à chaud : les produits formés sont très sombres et stables, et ne se dissolvent pas. Ils ne disparaissent que par frottement !

Les molécules organiques cométaires pourraient avoir été piégées dans le noyau au moment même de sa formation. Cela signifierait qu'elles étaient présentes dans le nuage présolaire lui-même, comme l'une des phases chimiques formées pendant son effondrement : plus la densité du nuage augmente, plus les collisions sont nombreuses, ce qui conduit à former des molécules de plus en plus complexes : en fin d'effondrement, quand les objets protoplanétaires ont commencé à croître, le gaz du nuage contenait vraisemblablement des macromolécules de très grandes masses. Par observation télescopique, on ne peut analyser de tels nuages dans l'espace car ils sont trop denses pour laisser pénétrer le rayonnement. En revanche, les noyaux cométaires, qui se sont formés dans un tel nuage dense, y ont accrété l'ensemble des constituants non volatils, incluant les glaces et la phase organique. Pour la première fois, le noyau de Halley y donnait accès.

La détection de ces molécules ne permet pas de dire si elles sont réparties uniformément dans le noyau de la comète ou si le processus de sublimation de l'eau, au passage au périhélie, enrichit la surface de ces composés réfractaires, stables, plus difficiles à extraire. Leur seule existence est toutefois une découverte très importante, car il est possible que ces molécules aient joué un rôle déterminant dans l'évolution chimique, voire biologique planétaire : tout au long de leur vie, les planètes ont en effet accrété de grandes quantités de matière cométaire. Ce peut être par l'impact direct d'un noyau cométaire, comme ce fut le cas de la comète *Shoemaker Levy* qui, en juillet 1994, a plongé dans l'atmosphère de Jupiter et s'y est détruite, spectaculairement. Ce peut être d'une manière plus discrète, mais plus régulière. Lorsqu'une comète s'approche du Soleil, la glace se sublime en surface, libérant les grains qui y étaient piégés. Ceux-ci poursuivent alors une trajectoire proche de celle du noyau, légèrement perturbée par les effets du Soleil : la pression du rayonnement chasse progressivement les plus petits, de taille proche du micromètre. Les plus gros peuplent progressivement un *essaim*, volume en forme de vaste tore dont l'axe est la trajectoire de la comète d'origine, alimenté par de nouveaux grains à chaque passage au périhélie du noyau cométaire. Lorsque la Terre traverse l'un de ces essaims, elle entre en collision avec les grains qui le constituent, à une vitesse de plusieurs kilomètres par seconde, suffisante pour qu'ils s'échauffent considérablement en traversant l'atmosphère. Les grains de taille supérieure à quelques dizaines de micromètres, dont la très grande majorité est toutefois inférieure au millimètre, sont presque intégralement détruits par l'échauffement. Ils ionisent fortement l'atmosphère à leur passage et laissent une traînée spectaculaire : ce sont les *étoiles filantes*.

Les grains plus petits, de quelques micromètres à quelques dizaines de micromètres, peuvent rayonner efficacement l'énergie de friction et parvenir au sol sans être totalement détruits ; ils constituent des *micrométéorites*, qui ensemencent la planète de leurs constituants d'origine. Ces micrométéorites sont de dimensions trop petites pour que, mélangées au sol, on puisse les identifier. Il existe toutefois des régions très particulières, presque totalement dénuées de grains terrestres, comme les dômes de glace polaire, où ces grains extraterrestres dominent. On peut les y collecter et constituer une famille d'échantillons extraterrestres particulièrement féconde pour accéder aux conditions d'origine du système solaire.

La masse totale de matière cométaire ainsi accrétée par la Terre est de plus d'une dizaine de milliers de tonnes par an. Pour important que ce chiffre puisse paraître, cela ne constitue qu'un très faible apport extérieur : les grains accumulés pendant 100 millions d'années ne constitueraient qu'une couche de quelques millimètres à la surface de la Terre. On sait toutefois que, durant les premières centaines de millions d'années du système solaire, la fréquence des impacts était considérablement plus élevée, peut-être d'un facteur 1 000 ou plus. L'apport de matériau cométaire a pu jouer un rôle important.

Une fraction de l'eau terrestre est venue par cette voie. Combien précisément est difficile à évaluer, mais on possède un bon indicateur de l'origine de l'eau dans les différents objets du système solaire : c'est la mesure rapport D/H de l'hydrogène lourd, le deutérium (D) à l'hydrogène courant (H). Ce rapport est différent selon le type de molécules dans lesquelles l'hydrogène est incorporé, car les réactions chimiques favorisent l'enrichissement relatif de l'un des deux isotopes par rapport à l'autre. La valeur d'origine du rapport D/H dans la nébuleuse protosolaire peut être déduite de ce qu'on observe aujourd'hui dans l'atmosphère des planètes géantes : elles se sont constituées par l'accrétion directe du gaz primordial, où l'hydrogène existait surtout sous forme de di-hydrogène H_2. Dans les océans terrestres, ce rapport D/H est dix fois plus élevé : c'est que l'hydrogène y a été accumulé à partir de molécules d'eau, la fabrication de molécules d'H_2O enrichissant le rapport D/H (HDO/H_2O est plus élevé que D/H), d'autant plus qu'elle s'opère à basse température. C'est également le cas des comètes et des astéroïdes, les premières possédant un rapport D/H deux fois plus élevé. L'eau des océans terrestres a donc été apportée par impacts d'objets de type cométaire et astéroïdal, avec vraisemblablement une plus grande proportion de ces derniers car plus de comètes auraient conduit à un rapport D/H des océans légèrement plus élevé qu'il n'est. Dans chaque litre d'eau, un verre au moins vient des comètes.

Bien entendu, mis à part la valeur du rapport D/H, l'eau est la même, qu'elle vienne de comètes, d'astéroïdes ou qu'elle ait été formée sur Terre. En revanche, astéroïdes et comètes ont simultanément alimenté les océans en eau et apporté des composés organiques, dont ces macromolécules qui donnent aux noyaux cométaires leur aspect si sombre. Celles-ci ont pu accélérer l'évolution chimique au sein des océans et y favoriser l'émergence du vivant : c'est l'une des hypothèses avancées à l'heure actuelle, que de considérer que les briques de la construction biochimique sont venues de l'espace.

Une autre hypothèse ne fait pas appel à la matière extraterrestre pour créer le vivant, mais à des réactions chimiques à partir des gaz injectés par des éruptions volcaniques au fond des océans primordiaux. Depuis des décennies, des scientifiques tentent de synthétiser des structures vivantes à partir de tels mélanges moléculaires, simulant des environnements et des apports énergétiques très variés. À ce jour on n'y est pas parvenu.

Pour trancher entre les deux hypothèses, et tester le rôle éventuel de l'apport de macromolécules organiques cométaires, il faudrait en connaître la composition. Or les missions de survol de la comète de Halley, qui ont révélé l'existence de tels composés, n'en ont pas identifié la composition précise : parce que personne n'en avait imaginé la présence, aucun instrument adapté n'avait été embarqué. Au lendemain de ces découvertes, de nombreux scientifiques ont considéré que l'étape suivante était de procéder à cette caractérisation, et que le moyen le plus efficace serait de prélever quelques kilogrammes de matière glacée à même un noyau cométaire et de les rapporter intacts sur Terre afin de les analyser avec les meilleurs instruments disponibles. Cette mission, baptisée Cometary Nucleus Sample Return (CNSR), a effectivement été proposée comme une aventure conjointe de l'Europe (ESA) et des États-Unis (NASA). Peu de temps plus tard, le retrait de la NASA a empêché sa réalisation, l'ESA n'ayant pas les moyens de l'assumer seule.

Puisqu'il n'était plus possible de rapporter sur Terre un échantillon cométaire, une solution plus accessible, tout en restant très ambitieuse, pouvait être envisagée : envoyer un laboratoire se poser sur un noyau cométaire et y effectuer sur place l'analyse de ce dont il est constitué. En parallèle, on pourrait l'observer globalement après s'être mis en orbite autour de lui et le suivre depuis de grandes distances héliocentriques, avant qu'il ne soit actif, jusqu'à ce que le Soleil en sublime la surface et l'entoure d'une chevelure épaisse. C'est ainsi qu'est née la mission Rosetta de l'ESA. Elle doit son nom à celui du village (aujourd'hui Rachid, au nord de l'Égypte) où a été trouvée la « pierre de Rosette » (*Rosetta Stone*) lors de travaux de terrassement par les troupes de Bonaparte. Sur ce fragment d'une stèle très ancienne était gravé, en trois langues (hiéroglyphes, grec ancien et démotique), ce qui s'est révélé être un même texte, ce qui a permis à Jean-François Champollion de déchiffrer les hiéroglyphes égyptiens. Elle reste ainsi le symbole d'un objet ayant préservé la mémoire de temps reculés. La mission Rosetta vise précisément à déchiffrer certaines des conditions d'origine du système solaire.

Lancée en février 2004, elle va atteindre la comète Churyumov-Gerasimenko en 2014 et y larguera son module d'atterrissage, baptisé Philae, en novembre 2014 (voir Figure 11, page 146 et Figure 12, page 147 − j'en partage, avec un collègue allemand, la responsabilité scientifique). La distance au Soleil sera alors de 3 unités astronomiques.

La température au sol sera de − 150 °C. On disposera de quelques jours pour prélever, avec une foreuse, des échantillons jusqu'à une trentaine de centimètres et en analyser la composition élémentaire, moléculaire, minéralogique et isotopique ; en même temps, on caractérisera l'environnement optique, thermique, électrique, magnétique et même la structure interne. Pour réaliser l'ensemble, on disposera d'une puissance totale de moins de 10 W : c'est moins que celle de l'ampoule intérieure de nos réfrigérateurs… Malgré ces conditions terriblement contraignantes, des instruments hautement miniaturisés et malgré tout de très grande performance ont été développés et intégrés à ce module. Couplées aux mesures effectuées depuis l'orbite, ces analyses devraient caractériser ce qu'est une comète, ce que sont les glaces, les grains, les molécules qui la constituent, et identifier cette phase complexe dont l'apport, dans les océans primitifs du système solaire, a pu jouer un rôle déterminant pour l'émergence de la vie, sur Terre et peut-être sur Mars.

Ainsi, l'évolution dynamique du système solaire, avec la croissance rapide de planètes géantes, a conduit à l'existence de petits corps, de quelques kilomètres de dimensions au plus : faits principalement de roches dans le système solaire interne, de glaces et de composés organiques au-delà de l'orbite de Jupiter, ils ont ainsi préservé certaines de leurs propriétés initiales. Ils ont pu, par leurs impacts, enrichir la surface des planètes de composés moléculaires complexes et constituer le chaînon manquant de l'évolution vers le vivant.

Soviétiques et Américains
à l'assaut de Mars

L'étude des petits corps offre donc la possibilité d'accéder aux *conditions initiales* de l'évolution du système solaire. Celle des objets différenciés permet d'étudier les moteurs de l'évolution planétaire, depuis le bombardement initial.

Mars a une taille intermédiaire entre celle de la Lune et celle de la Terre : cela lui confère une place singulière pour l'étude des processus responsables de l'évolution planétaire. L'évolution d'une planète dépend en effet de ses ressources énergétiques. Or, comme nous l'avons vu, aussi bien l'énergie gravitationnelle que la radioactivité est fonction de la taille. Dix fois plus massive que la Lune, Mars a connu une activité interne intense, dont attestent ses volcans géants et ses multiples autres structures tectoniques, comme ses réseaux de failles, et le vaste ensemble de chasmata de Valles Marineris. En revanche, dix fois moins massive que la Terre, elle n'a pas subi de processus de remodelage global, effaçant la mémoire des étapes antérieures.

Mars se prête donc tout particulièrement à une étude comparative de l'évolution planétaire. Elle permet de reconstituer l'histoire du système solaire dans toutes ses phases, y compris l'émergence du vivant : si celle-ci s'est produite ailleurs que sur Terre, le plus vraisemblable est que ce soit sur Mars. C'est suffisant pour que son exploration non seulement ne se soit pas ralentie après les missions Viking, mais au contraire ait redoublé, tirant parti de l'augmentation des capacités d'analyse et de la présence de nouveaux acteurs sur la scène spatiale.

Pour l'exploration spatiale, les années 1960 ont été jalonnées de succès impressionnants. D'un côté de l'Atlantique, les États-

Unis tentaient de reconquérir leur suprématie en développant le programme Apollo : des astronautes ont foulé le sol lunaire avant la fin de la décennie. Ce programme a été exemplaire et fondamental, du point de vue tant scientifique et technologique qu'économique et politique. Il n'a pas eu d'équivalent dans l'histoire spatiale. Pour le mener à bien, la NASA a développé avec succès le premier programme d'exploration robotique *in situ* d'un objet du système solaire ; elle a fait alunir les véhicules automatiques Surveyor, pour analyser les propriétés physiques et chimiques de son sol : les astronautes pourraient-ils s'y poser et y marcher sans risques ? Outre des caméras, ces sondes ont embarqué, pour la première fois, des instruments capables de déterminer la composition chimique du sol, par spectrométrie de rayons X. Aujourd'hui, des instruments similaires opèrent sur Mars comme sur d'autres planètes : ils en sont les héritiers directs.

De l'autre côté de l'Atlantique, les Soviétiques poursuivaient leur propre programme, en deux volets disjoints : des hommes en orbite terrestre et des robots pour explorer les autres mondes planétaires. Il s'agissait, d'une part, d'apprendre à domestiquer l'espace circumterrestre lors de vols habités de plus en plus complexes. Peu de temps après le vol pionnier de Youri Gagarine, Alexei Leonov a effectué la première sortie dans l'espace : protégé par son seul scaphandre, il a ouvert la porte de son vaisseau, en est sorti et s'est lancé dans le vide, où il s'est senti flotter, alors que rien ne le portait. À quelques centaines de kilomètres, il survolait la Terre à plus de 30 000 km/h sans moyen de propulsion : il suivait son vaisseau dans son mouvement orbital, validant le principe d'inertie galiléen. Il fallait une confiance solidement ancrée dans les lois de la physique pour accepter d'en démontrer la réalité au péril de sa vie. De retour au sol, Leonov a peint, puis décrit dans un livre *Piéton de l'espace* la beauté ineffable de la Terre vue de l'espace, qu'il fut le premier à contempler. Puis ce furent des vols en équipage, des rendez-vous entre plusieurs vaisseaux, la mise en orbite des premières stations orbitales : sans viser un objectif précisément formulé, ces réalisations, guidées par Sergei Korolev et son équipe, avaient pour but de maîtriser les conditions de vie et de travail en impesanteur, dans l'espace proche. Les préoccupations stratégiques dissimulaient une belle utopie : un jour, l'homme serait amené à vivre et à travailler dans l'espace, à grande échelle ; ces premiers pas contribuaient à paver l'histoire de l'humanité.

Parallèlement, les Soviétiques amélioraient leurs systèmes d'exploration automatique des mondes planétaires extraterrestres. Les premiers, ils ont développé des véhicules mobiles (*lunakhods*) qui se sont posés en douceur sur la Lune, dotés d'instruments qui ont permis de mesurer la composition du sol en se déplaçant sur des dizaines de kilomètres de manière parfaitement automatique, les résultats étant envoyés par ondes radio jusqu'à la Terre. Ensuite, trois sondes, Luna 16, Luna 20 et Luna 24, ont effectué les premiè-res — les seules à ce jour — collectes d'échantillons, et retour sur Terre de manière totalement robotisée.

La troisième fut la plus spectaculaire, car elle a réalisé un carottage profond. La surface de la Lune est recouverte d'un *régolite* de quelques mètres d'épaisseur : c'est un sol de grains et de débris d'impacts de météorites. Il est stratifié car les impacts empilent les couches les unes sur les autres : quand on creuse, on trouve des échantillons qui ont été en surface dans un passé d'autant plus reculé qu'ils sont profonds, à raison d'environ 1 milliard d'années par mètre d'enfouissement. On peut ainsi, en analysant des échan-tillons de plus en plus profonds, remonter le temps dans l'histoire de la Lune et du système solaire. C'est pourquoi Luna 24 effectua un carottage de près de 3 mètres, avec une foreuse géante, et le retourna sur Terre en préservant la stratigraphie. Comme on ne pouvait renvoyer tel quel un tube de cette longueur, un dispositif avait été conçu pour enrouler dans une sphère de 50 centimètres de diamètre la carotte au fur et à mesure qu'elle était extraite du sol, et maintenue dans une gangue de Téflon. Une fusée, dont la mise à feu a été effectuée automatiquement, a renvoyé la capsule contenant l'échantillon vers la Terre. À l'issue du voyage, la sphère a été récupérée, intacte. Une fois déroulée, la carotte a révélé sa structure en strates bien préservées, permettant une analyse de la variation dans le temps des propriétés du Soleil et du milieu inter-planétaire, sur plusieurs milliards d'années. On a pu notamment mesurer la vitesse de propagation du vent solaire au cours du temps et mettre en évidence des périodes d'activité intense, où elle était deux fois plus élevée qu'en temps normal.

Les années 1960 et 1970 ont vu deux programmes d'explora-tion des mondes planétaires plus lointains accompagner les missions lunaires. Les modules Venera avaient comme objectif de percer le mystère de Vénus ; les sondes Mars visaient l'exploration de la planète rouge. On pourrait penser que le plus difficile était de développer des sondes capables de pénétrer dans l'atmosphère de la première : il y fallait des modules les uns plus robustes que les autres pour résister aux conditions régnant sur la planète que ces missions ont progressivement révélées : une température au sol voisine de 450 °C, une pression près de cent fois supérieure à celle de la Terre, une couverture complète de nuages acides. Pourtant, deux par deux, huit modules y sont parvenus et ont effectué des mesures d'une qualité exceptionnelle. Jusqu'à aujourd'hui, ce sont les seuls à s'être posés en douceur et à travailler au sol.

Par contraste, le programme soviétique d'exploration de Mars s'est soldé par une succession d'échecs : ce n'est que récemment qu'on a appris le nombre élevé de tentatives dans les années 1960 et 1970, pour poser des modules, certains capables de se mouvoir par eux-mêmes, afin d'effectuer des analyses de la composition et des propriétés du sol.

Les Soviétiques ont lancé les premiers une sonde vers Mars : Mars 1 est partie en 1962 ! Elle est passée très près de la planète, mais n'a transmis aucune donnée : les liaisons avaient été perdues depuis plusieurs mois, pendant la croisière interplanétaire. Mars 2 et Mars 3 ont été lancées neuf ans plus tard, pour analyser le sol de Mars. Grâce aux missions orbitales Mariner de la NASA, on savait alors que la pression au sol était très faible, voisine de ce qu'elle est dans la stratosphère de la Terre à 40 kilomètres d'altitude. Cela pose un problème majeur pour se poser : lorsqu'on arrive vers Mars en provenance de la Terre, on possède une grande vitesse qu'il faut considérablement diminuer pour se poser « en douceur ». Si l'on utilise un parachute, il faut qu'il soit de très grande dimension, car il y a bien peu de gaz pour freiner. La sonde Mars 3 est bien parvenue à se poser et à communiquer avec la Terre, mais pendant quelques secondes seulement, avant de se taire définitivement. Il se pourrait qu'elle ait été recouverte par son parachute de descente.

Comme Mars, plus éloignée du Soleil que la Terre, décrit son orbite en 687 jours, les deux planètes se retrouvent dans une même configuration tous les vingt-cinq mois environ : c'est cette période qui sépare deux fenêtres de lancement favorables. Les Soviétiques utilisèrent le créneau suivant le lancement de Mars 2 et Mars 3, en 1973, pour lancer pas moins de quatre sondes, Mars 4 à Mars 7. À nouveau, la moisson de résultats n'a pas été au rendez-vous. Mars 6 a toutefois permis de mesurer la variation de pression pendant la descente et de fournir la première indication précise de la pression au sol : 5,5 mbars. Celle-ci, particulièrement faible, est inférieure à ce qui est nécessaire pour que l'eau persiste à l'état liquide.

Cette série d'échecs a ralenti le programme soviétique ; l'effort s'est recentré sur Vénus, puis sur la comète de Halley avec les missions VEGA lancées en 1984, dont on a vu qu'elles ont été couronnées de succès. Pourtant, l'envie d'explorer Mars restait toujours tenace : une sonde d'un nouveau type, perfectionné, a été développée. Dix ans après les missions Viking américaines, il fallait concevoir un objectif ambitieux : ainsi est né le projet Phobos, comportant deux sondes identiques Phobos 1 et Phobos 2. Le nom de ce projet est celui de la plus grosse des deux lunes de Mars, qui ne fait pas plus de 25 kilomètres dans sa plus grande dimension.

L'objectif du projet Phobos était double : procéder à l'observation de Mars, mesurer les constituants de sa surface et de son atmosphère, neutre et ionisée ; observer et analyser Phobos, pour réaliser une caractérisation globale d'un petit corps du système solaire.

Le second objectif, qui devait représenter le point fort de la mission, exigeait que le module s'approche de Phobos jusqu'à une cinquantaine de mètres, puis le survole à cette altitude extrêmement basse, en suivant sa surface à très faible vitesse par un guidage automatique. Pendant cette phase, il s'agissait d'analyser Phobos avec des instruments d'un type totalement nouveau et d'y poser des modules scientifiques. Par exemple, la surface devait être bombardée depuis la sonde avec un laser de puissance ainsi qu'avec un canon à ions, tout au long du survol, pour arracher des atomes du sol. Recueillis et analysés en temps réel par un spectromètre de masse très sensible situé sur la sonde, ils auraient donné accès à la composition élémentaire, isotopique et moléculaire de la surface de Phobos. La sonde emportait également deux modules chargés d'instruments de mesures ultra-miniaturisés, qui opéreraient de manière totalement autonome. L'un était équipé d'un système de rebond : il devait répéter les mesures, des dizaines de fois si possible, en sautant d'un endroit à d'autres.

Ces analyses *in situ* de la composition de la surface de Phobos devaient être comparées à celles acquises par un instrument d'un type tout nouveau, installé sur la sonde : un *imageur spectral* infrarouge, dont je fus le responsable scientifique. Il avait comme nom ISM, acronyme d'Imageur spectral pour Mars, et a été développé par deux laboratoires français, l'Institut d'astrophysique spatiale à Orsay, et l'observatoire de Paris-Meudon. Un tel instrument couple deux fonctions : il réalise des images et possède une capacité de spectrométrie : en chaque point de l'image, la lumière est analysée sur toutes ses longueurs d'onde dans un domaine donné. Pour ISM, ce domaine couvre l'infrarouge proche, de 0,8 à 3 µm de longueur d'onde, au-delà du spectre visible auquel notre œil est sensible, qui s'étend de 0,4 à 0,8 µm, du bleu au rouge. Auparavant, pour observer les planètes, on avait développé soit des systèmes d'imagerie capables de restituer quelques couleurs, mais en nombre très limité, soit des spectromètres, mais sans capacité d'imagerie. Pourquoi coupler ces deux fonctions ?

Les couleurs que notre œil détecte proviennent des pigments que les objets contiennent et qui ont la propriété d'absorber tous les rayonnements solaires, sauf certains, de longueur d'onde très spécifique : ce sont ceux-là que notre œil perçoit, et que notre cerveau traduit en couleur particulière. Il y a donc une correspondance directe entre un matériau – un pigment spécifique – et une couleur : la comparaison entre le spectre d'un objet distant, surtout s'il est obtenu avec un instrument plus performant que notre œil, et celui de matériaux de référence, pour lesquels une bibliothèque de spectres a été constituée, permet de caractériser la composition de cet objet. La spectrométrie est donc un moyen très performant de détermination à distance de la composition ; elle est utilisée depuis longtemps en astronomie.

Dans le visible toutefois, de nombreux matériaux n'ont pas de couleur spécifique. La plupart des roches sont grises et difficiles à discriminer par leur seule couleur ; de même, toutes les glaces sont blanches, et rien dans l'observation visuelle n'indique, *a priori*, si elles sont faites d'eau, de neige carbonique, de méthane ou d'un quelconque autre composé gelé. De la même manière, presque tous les gaz sont transparents et ne peuvent être caractérisés à distance par spectrométrie dans le visible. Dans l'infrarouge en revanche, ces mêmes substances présentent des couleurs particulières, signatures de leur composition : ces solides et ces gaz absorbent sélectivement le rayonnement dans ce domaine de longueur d'onde. En travaillant en infrarouge, on obtient des informations beaucoup plus caractéristiques.

Coupler imagerie et spectrométrie infrarouge permet donc, en principe, de déterminer la composition du matériau présent dans chaque élément d'image : de véritables cartes de composition peuvent être dressées, aussi bien des constituants solides de la surface que des molécules gazeuses, dans l'atmosphère, selon l'objet observé.

Si de tels instruments n'ont pas été réalisés plus tôt, c'est en partie parce qu'ils sont de développement difficile : ils supposent l'intégration des dispositifs d'imagerie et de spectrométrie, et exigent des systèmes de refroidissement. En effet, à la température ambiante, tous les objets émettent énormément de rayonnement infrarouge : on ne s'en aperçoit pas, parce que notre œil y est insensible, mais nous baignons dans ce rayonnement auquel nous participons comme tout ce qui nous entoure. Pour qu'un détecteur infrarouge soit sensible à ce qu'il observe, il faut le refroidir considérablement afin de limiter son rayonnement, sans quoi il analyserait essentiellement sa propre émission. C'est également vrai de l'instrument lui-même au sein duquel le détecteur est intégré : s'il n'est pas refroidi, il va envoyer sur le détecteur beaucoup plus de rayonnement que celui-ci n'en recevra de l'objet qu'on souhaite observer. L'imagerie spectrale infrarouge exige donc des systèmes cryogéniques pour refroidir le détecteur et l'instrument. Dans les contraintes spatiales de masse et d'énergie, il a fallu des années de développement pour parvenir à miniaturiser de tels systèmes, sans sacrifier leurs performances.

ISM a été le pionnier des imageurs spectraux opérant dans le visible et le proche infrarouge pour l'exploration planétaire. Aujourd'hui, OMEGA sur Mars Express et CRISM sur MRO, VIMS sur Cassini, VIRTIS sur Venus Express, participent respectivement à l'exploration de Mars, de Saturne et son système, et de Vénus, tandis que VIRTIS sur Rosetta et Dawn sont en route pour analyser un noyau cométaire et des astéroïdes. Tous ont été conçus et développés en coopération, à divers degrés, avec l'équipe d'ISM, qui a ainsi contribué à fédérer une communauté scientifique très large, en Europe, en Russie et aux États-Unis.

ISM a été développé par des équipes françaises invitées à participer à la mission Phobos grâce aux relations construites avec les équipes soviétiques dans des missions précédentes, tout particulièrement avec la mission VEGA d'exploration couplée de Vénus et de la comète de Halley. C'est dans les dernières phases de préparation de cette mission, juste avant son lancement, que les Soviétiques ont conçu Phobos et l'ont ouvert à la coopération, en invitant un grand nombre des équipes qui avaient participé à VEGA. La plupart d'entre elles étaient d'Europe de l'Est. La France jouissait d'un statut très particulier, en jouant un rôle majeur dans le développement des instruments. La coopération franco-soviétique, initiée dès 1966 sous l'impulsion de Jacques Blamont, a constitué une niche très féconde – et une singularité dans le monde occidental. C'est grâce à elle qu'un savoir-faire d'excellence a été développé dans une dizaine de laboratoires scientifiques en France soutenus par le CNES, l'agence spatiale nationale française, en partenariat avec l'industrie aérospatiale.

Cette singularité ne signifie pas que la France était parfaitement maîtresse de sa coopération avec l'Union soviétique. En ces temps de guerre froide, des limites très strictes étaient imposées à ce qui pouvait être exporté vers l'URSS, et la France les appliquait scrupuleusement. C'est ainsi qu'on ne pouvait pas livrer de détecteurs infrarouges travaillant au-delà de 3 µm : ce domaine était qualifié de très sensible, et aucune dérogation ne pouvait être accordée. Or de nombreux composés qu'on cherchait à mettre en évidence sur Mars ont des signatures spectrales au-delà de 3 µm. Nous avons tenté de convaincre que personne ne pourrait avoir accès aux détecteurs : ils sont intégrés au plus profond, au cœur même de l'instrument, sans aucune possibilité d'y accéder. Les instruments sont livrés achevés, scellés dans des conditions de propreté très strictes, et jamais ouverts par la suite : toute infraction est immédiatement repérée. Rien n'y fit : il a fallu utiliser un composé connu pour être insensible, par sa structure même, au rayonnement de longueur d'onde supérieure à 3 µm.

Outre ISM, d'autres instruments, fabriqués par la France, ont pris place sur les sondes Phobos : c'est le cas en particulier du canon à ions devant bombarder la surface du satellite lors du survol rapproché. Juin 1988 : les deux lancements sont réussis. Premier avatar majeur : fin août. Les sondes sont en croisière interplanétaire, à mi-chemin entre la Terre et Mars ; tout se passe bien, et il n'y a pas grand-chose à faire. Les responsables décident d'en profiter pour améliorer, par télécommande, le programme de traitement d'un instrument de Phobos 1. Quelques heures plus tard, le contact avec la sonde est perdu : jamais il ne sera retrouvé. Il faudra plusieurs semaines pour comprendre ce qui s'est vraisemblablement passé, mais trop tard. Le technicien qui a envoyé la commande a commis une erreur dans un mot. Celle-ci n'a été ni détectée ni rejetée au moment de l'envoi ; de plus, le mot erroné, au lieu d'être sans signification, a été compris par un système de bord, qui lui-même aurait dû être effacé avant le lancement car il ne servait qu'aux essais au sol, mais il ne l'a pas été, faute de temps. Interprété par ce système, le mot erroné avait un sens : celui de stopper la stabilisation de la sonde. Phobos 1 s'est mise à tourner sur elle-même, les panneaux solaires ont quitté leur pointage constant vers le Soleil, et l'énergie a commencé à décroître, inexorablement. Phobos 1 était perdue.

Restait la sonde Phobos 2 : la mission avait été développée dans les années fastes du programme spatial soviétique, où tout était doublé : deux sondes identiques, portant les mêmes instruments, ont été lancées chacune avec sa fusée propre, précisément pour palier des défaillances éventuelles et augmenter les chances de succès. Le calcul était bon ! Phobos 2 s'est mise avec succès en orbite autour de Mars début janvier 1989. Les instruments ont opéré pendant deux mois, analysant la planète, puis son satellite, et apportant des résultats inédits. Par exemple, l'instrument suédois ASPERA a mesuré le taux d'échappement de l'atmosphère de Mars sous l'effet du rayonnement et du vent solaires. Parallèlement, des images spectrales ont été acquises par ISM, mettant en évidence la composition des principales unités géologiques de Mars.

ISM a montré que la composition de Phobos, totalement différente de celle de Mars, était anhydre et uniforme. Même dans les cratères d'impact profonds, aucune indication de différenciation minéralogique n'a été obtenue : il semble bien que ce soit un objet primitif. Sa taille est donc assez faible pour que ses réserves énergétiques globales n'aient pas suffi à en chauffer l'intérieur et à transformer la composition des minéraux : ils sont vraisemblablement restés ce qu'ils étaient à l'origine.

28 mars 1989 : après deux mois d'observations à distance, le grand jour approchait. La sonde allait effectuer le survol rapproché de Phobos et larguer les robots d'analyse. On s'est donné trois jours pour s'y préparer. Toutes les observations ont été interrompues afin de recharger les batteries et peaufiner les réglages. Subitement, tout contact avec la sonde a été perdu, sans qu'une activité technique quelconque n'ait été engagée : jusqu'à aujourd'hui, on n'en a pas compris avec certitude les raisons. Le plus vraisemblable est qu'à cet instant précis le Soleil est entré dans une phase d'activité intense, sporadique et très limitée dans le temps, rare mais non exceptionnelle. Les particules solaires très énergétiques peuvent endommager, voire détruire des systèmes non suffisamment protégés. Plusieurs satellites en orbite terrestre l'ont effectivement enregistrée, mais ils ont survécu : quand un tel phénomène se manifeste, certains ont en effet la capacité de se mettre automatiquement en sécurité, en stoppant leur activité jusqu'à la fin de l'épisode, puis se reconfigurent pour des opérations normales. Phobos 2 n'était pas équipé d'un tel dispositif de sauvegarde. La mission était perdue. Elle s'est donc conclue par un demi-échec : après deux mois d'observations orbitales de Mars puis de Phobos, le couronnement qu'aurait consacré la phase d'approche de Phobos et les analyses *in situ* n'a pas eu lieu.

C'est avant même que les sondes Phobos ne soient lancées, au printemps 1988, que la mission soviétique suivante, vers Mars, a été décidée. L'URSS était entrée dans sa *perestroika*, cette phase politique très particulière de restructuration ; le responsable de la mission, Roald Sagdeev, directeur du principal institut de recherches spatiales de l'URSS, dont les initiales en russe sont IKI, jouait également un rôle important auprès de Mikhaïl Gorbatchev : il était personnellement très engagé dans le processus politique qui se développait. Il a souhaité que cette nouvelle mission soit gérée différemment, avec en particulier un plus grand rôle des responsables instrumentaux, quelle que soit leur nationalité. C'est ainsi que l'ensemble des scientifiques présents à une réunion de discussion de la mission Phobos, qui s'est tenue à l'IKI au printemps 1988, ont été invités à discuter et à voter la liste des instruments qu'il serait opportun d'embarquer sur la mission suivante, baptisée Mars 92 : son lancement était alors envisagé pour 1992. Procédure pour le moins inhabituelle... Plus d'une vingtaine de pays étaient représentés, ce qui a contribué à faire de cette mission d'exploration spatiale en gestation l'aventure menée avec la plus large coopération internationale jamais tentée.

Cette mission était impressionnante à de nombreux titres, et avant tout par le nombre de systèmes et d'instruments qu'elle embarquait. Certains, devant pointer en permanence vers des régions précises de Mars, étaient montés sur une plate-forme de très haute précision, possédant un système de stabilisation automatiquement contrôlé : elle assurait un pointage suivi à quelques secondes d'arc près seulement. Une seconde plate-forme était destinée à des instruments devant pointer dans d'autres directions, par exemple vers le Soleil ou une étoile déterminée : ils permettaient de sonder l'atmosphère par *occultation*. Si l'on pointe un objet qui passe derrière Mars lorsque la sonde parcourt son orbite, le rayon lumineux venant de ces sources balaye l'atmosphère avant de disparaître. Cela permet de réaliser un profil de la composition atmosphérique martienne en étudiant l'évolution du spectre du Soleil ou de l'étoile choisie.

La sonde embarquait également deux petites stations d'atterrissage, qui devaient être larguées pour analyser le sol de Mars ; enfin, il était prévu de lancer depuis la sonde deux pénétrateurs, genre de petites roquettes, afin d'ancrer dans le sol des instruments de mesure. Au total, c'est plus d'une quarantaine d'expériences qu'il était envisagé d'embarquer sur cette mission, qui devait caractériser une grande diversité de propriétés martiennes à différentes altitudes : sa très haute atmosphère, ionisée ; son atmosphère neutre, jusqu'au sol ; sa surface, couverte de minéraux et de glaces ; jusqu'à son sous-sol proche.

Lors du développement de cette mission, il a même été envisagé d'embarquer un aérostat, c'est-à-dire un système d'analyse entraîné par des ballons permettant de survoler plusieurs centaines de kilomètres par jour à basse altitude. Cette partie de la mission était entièrement sous la responsabilité de la France, à travers son agence spatiale, le CNES. Devant les difficultés techniques rencontrées, il avait fallu renoncer à leur intégration.

Malgré l'abandon de l'aérostat, la France apportait une contribution majeure à cette mission, la plus importante des participations internationales au niveau des instruments, après l'URSS responsable globale de la mission. Il y avait des expériences françaises sur chacun des systèmes embarqués : la sonde, ses plates-formes, les stations au sol. Afin d'en optimiser le développement, le CNES avait mis sur pied une structure de gestion de l'ensemble des contributions françaises, dont la responsable – le chef de projet – fut Josette Runavot. Pour son efficacité et son enthousiasme, elle jouissait d'un respect profond de la part des équipes françaises et de ses partenaires soviétiques.

Rapidement, il s'avéra que cette mission, compte tenu de ses ambitions, ne serait pas prête pour un lancement en 1992. La mission a été retardée par deux fois, d'abord pour le créneau de 1994 (il faut attendre un peu plus de 25 mois pour que la Terre et Mars se retrouvent dans une même position), puis celui de 1996 : elle est ainsi devenue la mission Mars 96.

Pour la première fois, les Soviétiques, devenus Russes, ont fait une entorse à leur tradition de redondance. Les temps avaient changé, la notion de coût prenait le dessus : il n'y eut qu'une mission Mars 96. Pour autant, la plupart des systèmes critiques, ainsi que les principaux instruments, devaient être réalisés en deux exemplaires identiques, avec un modèle de rechange pour procéder au remplacement éventuel du modèle de vol, avant le lancement, si cela s'avérait nécessaire.

Parmi les instruments développés en France, l'un était destiné à l'analyse de l'atmosphère de Mars par occultation solaire et stellaire : cet instrument, SPICAM, était réalisé sous la responsabilité principale de Jean-Loup Bertaux du Service d'aéronomie du CNRS. Le second, dont j'étais responsable, était un imageur spectral opérant dans le visible et l'infrarouge selon un principe inauguré par ISM sur les sondes Phobos. Il en améliorait considérablement les performances : son domaine spectral était très étendu, balayant toutes les longueurs d'onde de l'ultraviolet (à 0,35 μm) à l'infrarouge roche (5,1 μm) ; sa capacité d'imagerie permettait de résoudre des détails de quelques centaines de mètres au sol ; et, sur chacun des éléments d'images, cet instrument devait permettre d'identifier par leur spectre les constituants majeurs. Son nom, OMEGA, résumait ce que l'équipe scientifique en attendait, puisqu'il était l'acronyme de : Observatoire pour la minéralogie, l'eau, les glaces et l'activité. La responsabilité du développement a été partagée entre l'IAS, Institut d'astrophysique spatiale, à Orsay, et le DESPA, département d'études spatiales (aujourd'hui LESIA) de l'observatoire de Paris-Meudon, avec des coopérations importantes de l'IFSI, Istituto della Fisica dello Spazio Interplanetario de Frascati en Italie, ainsi que de l'IKI, l'Institut de recherches spatiales de Moscou.

16 novembre 1996 : lancement de Mars 96 par une fusée Proton depuis Baïkonour. Pour cet événement, les équipes se sont réparties sur plusieurs endroits. Seule, pour la France, Josette Runavot fit le voyage de Baïkonour. Certains étaient à Moscou, au centre de contrôle des opérations en vol. D'autres étaient à Evpatoria, en Crimée, dans la principale station de réception des données satellitaires. Le reste des équipes françaises était resté au siège du CNES à Paris ; 22 heures, heure de Paris, 24 heures à Moscou, trois heures plus tard à Baïkonour : la Proton s'est élancée dans le ciel, sous les applaudissements mêlés des témoins situés aux différents sites. La trajectoire devait d'abord faire un tour de la Terre, en un peu plus d'une heure, avant que le dernier étage ne soit mis à feu pour diriger la sonde vers Mars. À Baïkonour, tous allèrent se coucher avant même que le tour de Terre ne soit accompli, tant le lancement avait été parfait ; et il était très tard : quelques heures plus tard, l'avion du matin les ramènerait à Moscou. À Paris, l'heure de révolution autour de la Terre fut occupée à célébrer le succès ; pour une radio en direct, les scientifiques commentaient ce qu'ils attendaient de cette mission, préparée depuis tant d'années, attendue avec tant d'impatience et d'espoirs. L'heure écoulée, un collègue du CNES, depuis la Crimée, nous alerta : la sonde avait pris quelques minutes de retard sur son horaire. Les visages se firent soucieux ; ils se figèrent quand, rapidement, est parvenue l'information que, malgré l'allumage du dernier étage, la sonde était restée en orbite autour de la Terre, que jamais elle ne quitterait. Mars 96 ne parviendrait pas sur Mars. Le lancement se soldait par un terrible échec.

On ne connaît pas avec certitude les raisons de cet échec. Selon des informations recueillies depuis, il semble que le dernier étage de Proton, d'un type nouveau, avait été construit en quatre exemplaires, et que tous étaient défectueux : une fuite vidait l'un des combustibles avant que le moteur ne soit allumé. Deux avaient été lancés auparavant : ce furent deux échecs. Cela n'a pas empêché qu'un troisième, équivalent, soit utilisé pour cette mission vers Mars : l'équipe russe était-elle au courant de cette défectuosité de l'étage de propulsion ? Il paraîtrait que, plus tard, le quatrième a également été lancé, pour un satellite d'observation de la Terre, avec le même résultat dramatique.

Pour les Russes, l'échec de Mars 96 a sonné le glas de près de quarante années d'exploration spatiale scientifique, eux qui avaient inauguré cette épopée en lançant, en janvier 1959, la toute première sonde interplanétaire ; c'était alors vers la Lune. Mars 96 a constitué une réelle tragédie ; à ce jour, aucune nouvelle mission russe interplanétaire n'a été lancée.

Pour les scientifiques de tous les pays qui avaient pris part à cette mission, peut-être l'une des plus spectaculaires et des plus ambitieuses jamais conçues, il y avait quelque chose d'inacceptable dans ce qui venait d'arriver. L'activité spatiale constitue une discipline à hauts risques, tant les défis qu'elle pose sont élevés : chacun le comprend et l'accepte. Toutefois, la panne responsable de la perte de la mission Mars 96 ne semblait pas relever de tels défis, mais d'une défaillance qu'on aurait pu, et probablement dû, éviter. À l'évidence, ceux qui allaient en payer le plus lourd tribut furent les Russes eux-mêmes. Pour de nombreux partenaires, de l'Est comme de l'Ouest, qui avaient acquis leur savoir-faire en coopération étroite avec l'Union soviétique puis la Russie, il fallait tout reconsidérer.

L'Allemagne, qui n'avait pas de lien de coopération avec l'Union soviétique, avait immédiatement changé sa politique en 1991, faisant de l'établissement de collaborations avec la Russie une priorité dans de nombreux domaines économiques et culturels. Mars 96 a constitué la première occasion de participer à une mission spatiale de haut niveau. L'Allemagne a fabriqué la caméra destinée à fournir de Mars des images à haute résolution, en couleurs et en stéréoscopie : HRSC, High Resolution Stereo Camera, a été développée par l'industriel Dornier, sous la responsabilité scientifique de l'équipe de Gerhard Neukum, au DLR à Berlin. L'investissement était immense, non seulement en termes financiers, mais plus généralement de liens que l'Allemagne, réunifiée, voulait enfin tisser avec la Russie, et avec l'Institut de recherches cosmiques (IKI) de Moscou en particulier. Il y avait notamment la volonté de concurrencer les relations de coopération très profondes que la France avait engagées depuis plus de trente ans.

Pour la France enfin, l'échec a été douloureux. Le CNES avait considérablement investi dans cette mission, au plan budgétaire et humain, avec la constitution d'une équipe projet intervenant à tous les niveaux de la mission. La plupart des laboratoires spatiaux français y avaient contribué, comme responsables ou partenaires d'expériences. Pour des centaines de scientifiques, de techniciens et d'ingénieurs, plus de dix années de travail étaient retombées en poussière au lieu d'atteindre Mars et contribuer à en comprendre l'histoire. La frustration était d'autant plus grande que, pour qui avait participé à la réalisation des systèmes et instruments embarqués, c'étaient de vrais trésors d'ingéniosité qui se trouvaient ainsi perdus : chacun y avait investi sans compter et s'était engagé sans réserve pour trouver des solutions aux défis inouïs que représente la construction de ces objets.

Pendant qu'à l'Est l'année spatiale 1996 s'achevait en tragédie, à l'Ouest, c'était le renouveau. Vingt ans après les Viking, la NASA renouait avec l'exploration de Mars et développait PathFinder, une mission très originale destinée à tester de nouveaux systèmes d'atterrissage : au lieu de jets de gaz vers l'avant pour ralentir la fin de la descente, on allait utiliser des coussins d'air (« airbags ») de grandes dimensions pour absorber l'énergie au moment de l'impact. Toute la difficulté résidait dans la nécessité de s'extraire de ces structures gigantesques après s'être posé. Des caméras installées à bord ont réalisé un reportage qui a permis de reconstituer la séquence automatique, remarquablement réussie, de cet atterrissage. On y voit le module de surface dressé, bien vertical, hors des coussins d'air. Des panneaux ont été déployés, le long desquels PathFinder, un petit engin muni de six roues, a pu descendre en roulant vers la surface et commencer à explorer le site environnant. La performance technologique était impressionnante. La NASA maîtrisait à nouveau les moyens de poser des engins sur la planète rouge. Certes, ils n'étaient pas de taille comparable aux Viking : PathFinder ne mesurait pas plus d'une trentaine de centimètres de long et pesait une dizaine de kilogrammes. Toutefois, cette technique, maintenant validée dans l'espace, pourrait être utilisée pour poser des modules de plusieurs centaines de kilogrammes : quelques années plus tard, les Mars Exploration Rovers Spirit et Opportunity utiliseront le même type de système.

Ce succès du Jet Propulsion Laboratory (JPL) de la NASA, véritable Mecque des missions robotiques américaines, est lui-même passé bien près d'une catastrophe. Son chef de projet, avec qui nous avons travaillé quelques années plus tard sur un tout autre projet spatial, nous a rapporté cette anecdote. Peu de temps avant le lancement de PathFinder, il a visité l'usine de fabrication de la fusée, une Delta 2 de l'industriel Boeing. Deux fusées étaient achevées, prêtes à être utilisées, équivalentes. On lui a offert de choisir celle qu'il préférait. En l'absence de tout critère, il choisit au hasard. Celle qu'il n'a pas choisie a été lancée avec à son bord le premier satellite de positionnement GPS de nouvelle génération, quelques semaines après le lancement réussi de PathFinder. Elle a explosé sur son pas de tir treize secondes après son allumage…

PathFinder n'était pas conçu pour réaliser une grande mission scientifique, mais bien comme une démonstration technologique : hormis les caméras, aucun instrument de mesure n'avait été développé pour l'occasion. Deux ans avant son lancement, des responsables américains, présents à une réunion de préparation de la mission Mars 96 à l'IKI de Moscou, ont approché une équipe de collègues allemands dirigée par Heinrich Wäncke, de Mainz : ceux-ci avaient fabriqué un instrument très compact d'analyse. Développé en plusieurs exemplaires, cet instrument allait équiper les petites stations de Mars 96 qui devaient se poser au sol pour en déterminer la composition élémentaire par spectrométrie X. Cette technologie était dérivée de celle mise au point vingt ans plus tôt pour les sondes lunaires Surveyor par un laboratoire de Chicago, qui en a depuis perdu le savoir-faire. L'équipe allemande disposait de modèles de rechange : l'un a été donné aux collègues du JPL. De fait, les seules mesures réalisées par PathFinder l'ont été par cet instrument. Par lui, Mars 96 fut en quelque sorte présent à la surface de Mars…

Effectuer des mesures de composition s'est avéré de la plus grande importance. Le site d'atterrissage de PathFinder a été choisi sur la base des images alors disponibles depuis les missions Viking. Sur ces images, de grandes vallées de débâcle semblaient avoir été creusées et déboucher dans ce qui aurait pu constituer un vaste océan primitif : on pouvait donc s'attendre à y trouver d'importants dépôts sédimentaires charriés par les fleuves et accumulés dans des fonds lacustres. Si jamais la vie avait démarré sur Mars, de tels sites semblaient les plus propices, ils pourraient alors en avoir préservé des traces, au moins minéralogiques. Le choix était fait : PathFinder s'est posé à quelques centaines de kilomètres en aval du delta d'Ares Vallis (voir Figure 8, page 44).

Des semaines durant, PathFinder s'est déplacé, de roche en roche, pour en faire des images et en mesurer la composition, grâce au petit spectromètre X offert par l'équipe de Mainz. Les résultats ne laissèrent aucune ambiguïté : le site ne comportait que de la lave volcanique, aucune trace de sédiments ou de minéraux altérés qui traduiraient l'existence passée d'eau sur de longues durées. Le mystère demeurait : y a-t-il jamais eu d'océan sur Mars ?

Pour l'exploration martienne de la NASA, décidément, 1996 fut une année exceptionnelle : quelques semaines après le lancement réussi de PathFinder, une fusée propulsait dans l'espace un module prévu pour rester en orbite autour de la planète. Mars Global Surveyor (MGS) emportait quatre instruments principaux : MOC, une caméra à haute résolution pouvant atteindre une précision de détails d'à peine plus de 1 mètre ; MOLA, un altimètre laser, capable de restituer l'altitude de la surface avec une précision verticale de quelques mètres (voir Figure 3, page 37) ; TES, un spectromètre infrarouge à grandes longueurs d'onde, dans le domaine où domine le rayonnement thermique de la planète elle-même, pour analyser la température et la composition minéralogique de la surface ; un magnétomètre pour dresser une carte des terrains magnétiques à la surface de Mars. Ces instruments étaient dérivés de ceux qui, avec plusieurs autres, étaient à bord de la sonde Mars Observer lancée par la NASA en 1983. Arrivée tout près de Mars, celle-ci n'est pas parvenue à ralentir suffisamment pour se mettre en orbite : elle a continué son chemin et s'est perdue dans l'espace. La NASA avait donc hâte de récupérer la capacité de mesures de Mars Observer : MGS y remédiait en partie. D'autres missions les compléteraient ensuite : Odyssey, lancée en 2001, puis Mars Reconnaissance Orbiter (MRO), en 2005.

Les instruments de MGS ont largement répondu à l'attente de leurs concepteurs. La mission ne s'est achevée qu'après dix ans d'opérations en 2007 : on est encore bien loin d'avoir tiré parti de l'immense ensemble de données acquises, toutes dans le domaine public depuis. Des dizaines d'équipe s'en nourrissent de par le monde.

L'Europe dans la course

Le succès des lancements de PathFinder et de MGS, fin 1996, ne pouvait équilibrer l'échec de celui de Mars 96. Notre équipe de l'IAS à Orsay partageait avec l'observatoire de Paris-Meudon la responsabilité scientifique et technique de l'instrument OMEGA, et nous nous étions considérablement investis, pendant plus de dix ans, pour en assurer le succès.

Le temps de récupération passé, il fallait rebondir : on ne pouvait solder ainsi le compte de tant d'efforts. Avec le soutien du CNES, nous avons étudié toutes les possibilités de repartir vers Mars. Notre atout majeur : nous avions un instrument de rechange, strictement équivalent à celui qui avait été embarqué sur Mars 96 ; il avait même été testé et étalonné. Un autre instrument français était aussi disponible, SPICAM, ainsi que plusieurs instruments étrangers, dont la caméra allemande HRSC et l'analyseur de gaz ionisés suédois, ASPERA. La question ne se posait pas de proposer de reconstruire une mission du type de Mars 96 : nos collègues russes ne possédaient ni les systèmes, ni les structures, ni le budget pour que cette idée soit même envisagée. Les États-Unis avaient un programme d'exploration spatiale de Mars, mais jamais nous n'obtiendrions d'embarquer nos instruments sur une sonde américaine. Il fallait donc compter sur nos propres moyens. Quels étaient-ils ?

Le CNES venait de lancer un programme de « petites missions » à visées d'observation scientifique de la Terre. Pour cela, il avait défini, avec un partenaire industriel, une plate-forme générique, Protéus, dont la souplesse permettait l'adaptation à de multiples usages, plus particulièrement en orbite basse terrestre. Cela offrait un avantage important : son coût, très réduit. Cette plate-forme a effectivement été utilisée plusieurs fois depuis : les satellites Topex et Jason, destinés à l'étude systématique des océans terrestres, réalisés en coopération entre le CNES et la NASA, l'utilisent. De même, le satellite COROT, qui scrute le ciel pour étudier les oscillations stellaires et rechercher des planètes qui graviteraient autour d'autres étoiles, est construit avec une Protéus. Cette plate-forme, de taille réduite, ne permettait pas d'embarquer vers Mars de nombreux instruments. Ce qui nous importait était de savoir dans quelle mesure il était concevable de la modifier pour en faire une sonde interplanétaire qui atteindrait Mars et pourrait s'y mettre en orbite, d'où opéreraient un petit nombre d'instruments d'observation. Pour étudier si ce projet était concevable, nous nous sommes fixé comme objectif d'embarquer une centaine de kilogrammes d'instruments scientifiques. Avec une telle masse, quatre à cinq instruments tels qu'OMEGA, SPICAM, HRSC et ASPERA pourraient être embarqués. Nous avons ainsi constitué une très petite équipe avec Josette Runavot et un ingénieur industriel responsable de la plate-forme Protéus. En quelques semaines, la faisabilité du projet était démontrée : une petite mission du CNES était concevable, qui mettrait cinq ou six instruments scientifiques en orbite martienne.

Le coût d'une telle mission était très peu élevé, car elle utilisait des systèmes spatiaux développés dans d'autres contextes et pour d'autres observations. Comme l'idée était de ne pas limiter cette exploration aux seules équipes françaises, mais d'y inclure d'autres partenaires, nous avons tout d'abord contacté nos collègues du DLR, responsables de la caméra HRSC. L'accord fut immédiat, tant l'attente était grande de voir fructifier les efforts consentis pour Mars 96. Début 1997, moins de trois mois après la catastrophe du lancement de Mars 96, nous avions entre les mains un dossier complet et convaincant démontrant la faisabilité d'une mission martienne sur la base d'une coopération binationale entre la France et l'Allemagne. Le coût semblait parfaitement à portée des agences de ces deux pays. Il serait possible d'embarquer cinq instruments, qui existaient pour avoir été fabriqués comme modèles de rechange : deux instruments français, OMEGA et SPICAM, pour l'étude de l'atmosphère et de la surface de Mars ; un instrument allemand, HRSC, pour la couverture photographique stéréoscopique globale ; un instrument italien, PFS, spectromètre par transformée de Fourier pour l'analyse de l'atmosphère dans l'infra-rouge et un analyseur d'ions de la haute atmosphère, ASPERA, construit en Suède. Comme plusieurs autres partenaires étaient impliqués dans chacun de ces instruments, en particulier en Russie, cela aurait constitué une mission à caractère international marqué, bien que de moindre niveau que Mars 96. Ses ambitions étaient également réduites, mais il y avait malgré tout de quoi, nous semblait-il, réaliser une étape importante dans la compréhension de la planète Mars par la nouveauté et les performances des instruments. Cette mission aurait également traduit un changement majeur dans la gestion de l'exploration planétaire : deux pays, la France et l'Allemagne, qui, jusqu'alors, ne participaient qu'en partenaires secondaires, deviendraient acteurs principaux, en assurant la responsabilité de l'aventure.

L'histoire ne s'est pas déroulée entièrement comme prévu. L'idée qu'il était possible de partir explorer Mars dans le cadre d'une mission de faible envergure et de valoriser les investissements importants consentis en instruments pour Mars 96 s'est rapidement imposée, tout spécialement dans la communauté scientifique européenne. Au sein de l'Europe, il existe une agence spatiale (ESA), structure supranationale distincte de l'Union européenne, qui s'est construite en 1973 principalement pour assurer à l'Europe des moyens autonomes d'accès à l'espace avec les lanceurs Ariane. Pour la majeure partie des pays européens, l'ESA constitue la seule agence spatiale. Pour d'autres en revanche qui, comme la France avec le CNES, possèdent leur propre agence spatiale, l'existence de l'ESA a introduit une certaine dualité : faut-il maintenir des structures spatiales nationales autonomes alors qu'existe une agence européenne ? La réalité montre qu'il n'y aurait pas eu de grand programme spatial européen sans activité spatiale nationale forte sous l'impulsion du CNES. Dans le cas de cette mission, était-il plus justifié de la maintenir dans un cadre multinational restreint ou était-il préférable de l'inscrire dans le programme scientifique de l'ESA ?

La réponse était en partie donnée par le fait qu'il existait bien un programme scientifique de l'ESA, mais que Mars n'y figurait pas. Ce programme est construit selon un processus particulier, dit de « programme obligatoire » : chaque pays membre de l'ESA y contribue, au prorata de son produit intérieur brut. Le budget ainsi rassemblé est ensuite distribué selon des projets, discutés par des groupes de spécialistes, afin d'établir un équilibre entre disciplines, indépendant de l'origine des contributions financières. Dans ses choix scientifiques, l'ESA n'a jamais retenu Mars comme priorité. Cela peut s'expliquer par le fait que les programmes américains et russes avaient accumulé une expérience sans commune mesure avec la compétence technologique de l'Europe : il valait mieux coopérer avec eux. Le fait que la France, la Suède, puis plus récemment l'Allemagne et l'Italie ont joué la carte de la coopération avec la Russie pour l'exploration de Mars en était la traduction.

L'échec de Mars 96 et la réussite de PathFinder ont totalement changé la donne : la Russie ne pouvait plus s'y consacrer, ni même demeurer un partenaire majeur. Les États-Unis développaient un programme sans perspective de coopération substantielle, ne serait-ce qu'au niveau de la fourniture d'instruments. En France, comme dans d'autres pays européens, existaient des instruments d'observation et d'analyse très performants, les modèles de rechange de ceux construits pour Mars 96. Enfin, l'étude conduite avec le CNES montrait que l'exploration orbitale de Mars constituait un objectif accessible, même pour des nations n'en ayant jamais tenté l'aventure. Sans ce travail préliminaire, robuste et concluant, de l'agence spatiale française, l'Europe ne se serait vraisemblablement pas lancée dans l'aventure.

Au sein de l'ESA, plusieurs acteurs clés, au tout premier plan Yves Langevin, ont cherché, à partir de 1997, à introduire une mission vers Mars, bien que le programme soit déjà bouclé pour les dix années à venir. L'ESA procéda à ses propres études confirmant la faisabilité d'une mission de petite envergure dans un cadre budgétaire qui la rendrait acceptable, à une condition : faire vite. En effet, du point de vue technique, tous les créneaux de lancement, espacés de 25 mois, ne sont pas strictement équivalents : la position relative de Mars et de la Terre varie légèrement, si bien que certains demandent moins d'énergie. Une fusée de capacité donnée peut emporter un satellite plus ou moins massif. De ce point de vue, l'année 2003 était exceptionnelle : une mission emportant une centaine de kilogrammes d'instruments en orbite martienne était possible avec une fusée Soyouz, sans faire appel à la classe supérieure des fusées Proton ou Ariane, hors de portée du budget envisagé. L'existence d'une telle fenêtre de lancement favorable était cependant à double tranchant : une mission optimisée pour une telle occasion ne pouvait être retardée, car on ne retrouverait pas de conditions équivalentes avant plusieurs décennies.

Proposer une mission de développement si court relevait d'un défi que peu semblaient prêts à relever. Ce qui emporta la décision fut l'euphorie médiatique qui accompagna le succès de PathFinder, dont l'arrivée en douceur sur le sol martien, le 4 juillet 1997, et les déplacements suivis en direct par des millions d'internautes furent une première. L'Europe resterait-elle muette ? Par bonheur, un projet existait.

L'ESA a donc décidé une mission vers Mars pour cette date très rapprochée, 2003 : tout devrait être livré au plus tard dans les cinq ans, en ne laissant que quelques mois pour l'intégration sur la fusée et la préparation du lancement lui-même. En conséquence, cette mission s'appellerait Mars Express.

Aux cinq instruments avec lesquels l'étude initiale avait été réalisée, l'ESA décida d'en adjoindre deux : un radar de sondage profond dont la longueur d'onde permettrait d'explorer le sous-sol de Mars jusqu'à quelques kilomètres pour y rechercher de la glace, voire de l'eau liquide en profondeur ; d'autre part, un petit robot instrumenté qui, une fois posé, analyserait le sol dans l'espoir d'y détecter des traces de vie, passées ou présentes.

Mars Express était née, de l'échec de Mars 96. L'Europe allait pour la première fois lancer une mission d'exploration planétaire, et c'est Mars qui allait l'inaugurer. Grâce au soutien du CNES et du CNRS, les efforts des laboratoires spatiaux français n'avaient pas été vains.

Pour l'ensemble des instruments à embarquer, un appel d'offres a été lancé. À l'issue d'un processus d'expertise indépendant, les cinq instruments hérités de Mars 96 ont été sélectionnés, dans des cadres peu différents de ceux où ils avaient été conçus et développés : HRSC pour l'imagerie de la surface, OMEGA pour l'étude de la surface et de l'atmosphère, SPICAM et PFS pour l'analyse de l'atmosphère neutre, et ASPERA pour la partie la plus haute de l'atmosphère, totalement ionisée. Certains ont bénéficié de quelques améliorations, intégrant des avancées technologiques récentes ayant déjà le label spatial. C'est un consortium dirigé par l'Italie, en coopération avec les États-Unis, qui a gagné la compétition pour fabriquer le radar de sondage du sous-sol, MARSIS ;

des Britanniques ont été choisis pour concevoir et développer le petit robot, baptisé Beagle 2, en hommage au navire de Charles Darwin. Enfin, Mars Express embarquerait une expérience de *radio science*, MaRs : les signaux émis par la sonde sont légèrement perturbés par le champ de gravité et l'atmosphère ionisée de la planète elle-même. L'analyse fine de ces perturbations permet donc de remonter à certaines de ses propriétés, surtout de son ionosphère.

Malgré des délais très courts et des contraintes très fortes pour un projet pionnier en Europe, tout a été prêt à temps ; le lancement a eu lieu le 2 juin 2003, depuis Baïkonour. La fusée Soyouz a mis la sonde sur une orbite quasi parfaite, ne nécessitant que très peu de corrections ultérieures de trajectoire. Toutes les ressources à bord de la sonde pourraient servir à optimiser la mission en orbite martienne elle-même, et en augmenter la durée sans devoir être utilisées pendant la croisière interplanétaire.

De fait, le temps avait été trop court pour le petit robot Beagle 2. Concevoir, développer et tester un tel engin, avec tous ses instruments, nécessairement très complexes compte tenu de leur ambition, ainsi que le système assurant un atterrissage en douceur, sans en avoir jamais conçu de semblable, relevait du défi : il s'est avéré trop élevé. Largué depuis la sonde cinq jours avant l'arrivée vers Mars, pour réaliser une entrée directe et autonome, il a cessé tout contact avec la Terre sans qu'on n'ait jamais pu identifier la nature de la panne : s'est-il écrasé au sol, pour ne pas avoir été suffisamment ralenti par ses parachutes ? Pour les équipes en charge de Beagle 2, la déception fut énorme, et les cicatrices impossibles à refermer. Cet échec montre à nouveau combien sont complexes les technologies exigées pour se poser sur Mars. À ce jour, seule la NASA en a acquis la maîtrise, qu'elle développe avec une compétence impressionnante. Pour l'Europe, l'échec de Beagle 2 ne peut pas même aider à préparer l'avenir, car aucune indication de ce qui a défailli n'a été recueillie. Les ambitions européennes de participer aux futures explorations *in situ* martiennes partent dorénavant d'un échec, douloureux.

Pour la sonde Mars Express, l'essentiel restait à faire : se mettre en orbite autour de Mars suivant une procédure complexe exigeant un réglage parfait. Son succès fut acquis pendant la nuit de Noël 2003. L'Europe était propulsée dans l'exploration spatiale du système solaire. Cela lui ouvrait des champs nouveaux pour comprendre l'histoire des mondes planétaires, de Mars tout d'abord, et aussi de la Terre.

Prévue pour durer deux années terrestres, la mission Mars Express est en opération depuis plus de cinq ans, et rien n'indique qu'elle ne pourra pas continuer de nombreuses années encore. Elle a même donné lieu à la réalisation d'un clone, la mission Venus Express, utilisant essentiellement les mêmes systèmes. Son lancement s'est effectué avec succès depuis Baïkonour en novembre 2006, à peine plus de trois ans après Mars Express ; avec des instruments semblables, Mars et Vénus sont à présent intensément explorées.

Deux semaines après la manœuvre réussie d'insertion en orbite martienne, tous les systèmes de bord ont été configurés pour assurer les activités auxquelles ils étaient destinés. L'orbite a été optimisée pour atteindre celle qui avait été prévue ; début janvier 2004, la mission scientifique proprement dite a pu démarrer. Les uns après les autres, chaque instrument a été télécommandé pour être mis sous tension, afin que les équipes au sol puissent vérifier leur bon état de fonctionnement après plus de six mois passés dans le vide interplanétaire. Pour HRSC, OMEGA, SPICAM, PFS et ASPERA, c'était bon : tous étaient prêts à réaliser des observations et des mesures de Mars. Cela faisait plus de quinze ans que nous attendions cet instant.

Un seul instrument n'a pas été mis en opération en même temps : le radar MARSIS, car son fonctionnement exigeait le déploiement de deux très longues antennes, de 20 mètres chacune : malgré leur faible masse, ces bras de 40 mètres au total pouvaient déstabiliser le petit satellite de 1 mètre de côté seulement. De plus, ces antennes avaient été maintenues repliées sur elles-mêmes pendant la croisière et leur déploiement devait se faire selon une technologie jamais testée auparavant à grande échelle. Pour peu que l'une des antennes ne s'ouvre pas entièrement, le satellite pouvait perdre le contrôle de son attitude et toute la mission se trouver perdue. Pour minimiser les risques, il a donc été décidé de retarder cette opération, afin de laisser le temps aux autres instruments d'acquérir suffisamment de résultats, et de poursuivre sur Terre des tests complémentaires de déploiement de ces antennes.

La perte de Beagle 2 faisait peser une chape très lourde. Dans la presse, un peu partout dans le monde, c'est elle qui dominait la relation de Mars Express. Cela nous mettait, comme responsables des instruments en orbite, dans une situation très inconfortable. Nous ressentions également la perte de Beagle 2 comme un terrible échec : au plan strictement scientifique, car ces expériences pionnières d'analyses du sol ne seraient pas effectuées ; mais, peut-être plus profondément encore, nous éprouvions pleinement la tragédie que vivaient nos collègues scientifiques et ingénieurs qui avaient investi toute leur énergie, toute leur créativité dans ce projet ; pour avoir vécu la perte de Mars 96, nous savions ce qu'un tel échec signifiait. Nous ne pouvions donc qu'être d'accord avec les tentatives multiples, des semaines durant, d'entrer en contact avec Beagle 2 : on ne se résigne pas, sans avoir tout tenté, à abandonner un objet si précieux. Dans le même temps, nous recevions de nos instruments les premières données, réellement impressionnantes.

Par contraste avec le climat quelque peu délétère accompagnant l'échec de Beagle 2 qui, chaque jour davantage, semblait se confirmer, ces observations ne laissaient pas de nous étonner. Notre excitation restait toutefois confinée dans un cercle étroit : même au sein de l'ESA, nous ne parvenions pas à faire partager notre enthousiasme pour ce que nous commencions à découvrir. Notre malaise, entre la perte de Beagle 2 et la qualité de ces premières observations, s'est rapidement traduit en conflit avec la direction scientifique de l'ESA qui refusait de communiquer sur sa mission martienne. Était-ce faire affront à nos collègues de Beagle 2 que d'assumer nos réussites ? Nous pensions tout au contraire de notre responsabilité de rendre publics nos résultats pour que Mars Express apparaisse enfin comme une mission promise à de grandes découvertes, malgré l'échec terrible de Beagle 2.

Ce contraste était d'autant plus frappant qu'aux États-Unis c'était tout le contraire : la NASA sait en effet remarquablement entretenir son public de ses prouesses. Or, précisément, la NASA avait lancé vers Mars, en même temps que l'ESA Mars Express, deux rovers (véhicules roulants), les Mars Exploration Rovers (MERs) Spirit et Opportunity, qui devaient se poser sur la planète les 4 et 25 janvier 2004, respectivement. La NASA s'était assurée que le public puisse suivre les événements en temps réel : il suffisait de se connecter sur son site. L'opposition apparaissait cruelle entre le succès des rovers de la NASA et l'échec de l'ESA, qui avait perdu Beagle 2, pourtant de masse considérablement plus faible que celle de Spirit et d'Opportunity. Personne ne faisait savoir que Mars Express ne se résumait pas à cet échec, que du point de vue scientifique, par les expériences en orbite, Mars Express se révélait être une mission majeure.

Rien de plus justifié et de plus sain que le comportement de la NASA, pour laquelle informer régulièrement sur une mission d'exploration, en utilisant les moyens les plus modernes, fait partie intégrante du programme. Les responsables de la mission et des expériences doivent consacrer d'importants moyens à cette activité, au même titre qu'au dépouillement scientifique proprement dit. Ainsi, chacun peut se sentir partie prenante d'une aventure dont les acteurs ne se limitent pas au nombre de ceux qui en ont développé les systèmes et les instruments. La recherche est une affaire sociale au sens large : elle doit impliquer le public et le tenir informé des avancées. L'Europe est très sérieusement en retard dans ce domaine, et ce n'est pas qu'une question des moyens, trop limités : le problème se situe dans l'idée même que l'on s'y fait des raisons, de la possibilité et de la nécessité d'intéresser un large public.

Un exemple suffira. Moins d'un an avant le lancement de Mars Express, la pression était déjà forte pour obtenir que l'ESA informe sur la mission en cours, les étapes restant à franchir et les objectifs visés. On nous opposait que le public n'était pas prêt à se mobiliser pour une telle mission dont les buts scientifiques n'étaient pas assez lisibles ou l'intérêt, assez excitant : le public, nous disait-on, est insensible à la science. Nous ne sommes pas parvenus à convaincre qu'en Europe aussi des informations scientifiques étaient de nature à susciter un large intérêt. L'option retenue fut la suivante : pour intéresser à l'exploration de Mars, jouons sur le fait que cette planète apparaît rouge. Rouge ? Pour les Européens, nous a-t-on assuré, le symbole du rouge est Ferrari : jumelons donc Mars Express et la Scuderia. Faisons battre à Ferrari ses records de vitesse en embarquant sur Mars Express un échantillon de sa peinture rouge originale. Et, effectivement, l'équipe responsable du projet a dû s'exécuter, vérifier la résistance spatiale d'un petit récipient contenant quelques grammes de cette peinture et l'intégrer au satellite. Un grand (le seul) événement public a été organisé en France, à Toulouse, en présence du directeur de l'ESA, de son directeur scientifique, des responsables du Projet Mars Express, des industriels impliqués, et bien sûr de Ferrari, devant de nombreux journalistes. Les responsables d'expériences ont été invités à s'y joindre. Certains ont refusé, y voyant non pas un clin d'œil amusé, mais un mépris peu acceptable du public. Celui-ci serait-il donc incapable de s'intéresser à l'exploration spatiale de Mars, et de soutenir l'aventure scientifique de Mars Express, si on la lui décrivait pour ce qu'elle était et visait réellement ? La cérémonie « Red Encounter » a eu lieu, le 18 septembre 2002 : ceux qui s'en souviennent ne s'en félicitent guère. Ça ne restera certainement pas comme un exemple de communication talentueuse.

Vers la mi-janvier 2004, les scientifiques responsables des expériences en orbite sur Mars Express prirent la décision de demander à l'ESA d'organiser une conférence de presse rapidement, pour présenter leurs résultats afin de dissiper l'opinion qui se répandait dans le public : l'Europe aurait manqué son rendez-vous avec Mars. Ils étaient prêts à aller seuls devant la presse si l'ESA refusait de l'organiser. L'objectif fut atteint : une conférence de presse s'est tenue au centre d'opérations de l'ESA, l'ESOC (European Space Operation Center), à Darmstadt en Allemagne, le 23 janvier 2004, sous la présidence du directeur des programmes scientifiques de l'ESA. Chaque responsable d'expérience fut invité à présenter ses résultats les plus marquants : il avait droit à la projection de cinq images et un commentaire de dix minutes. Les images devaient au préalable être validées par l'ESA et la présentation, faire l'objet d'une stricte répétition.

L'ESOC avait prévu de tenir sa conférence de presse dans la plus grande de ses salles ; elle ne fut pas suffisante pour contenir tous les journalistes. Ce témoignage de l'intérêt porté à la mission Mars Express justifiait par lui-même les efforts engagés pour qu'elle ait lieu. Bien sûr, des questions sur Beagle 2 ont été posées : que savait-on réellement de ce qui avait provoqué sa perte ? Comme nous l'espérions et l'escomptions, l'intérêt s'est vite porté sur les expériences à bord du module en orbite. HRSC a présenté des premières images spectaculaires, en stéréoscopie à haute résolution, montrant en particulier une avalanche de sable comblant un cratère d'impact ; OMEGA, les résultats qui venaient juste d'être obtenus, des images infrarouges de la calotte polaire Sud. C'était alors la fin de l'été dans l'hémisphère Sud de Mars, les glaces polaires n'étaient plus recouvertes des givres qui se déposent en automne et en hiver, puis se subliment au printemps. Ce qu'on analysait, c'étaient les « neiges éternelles », les glaces qui perdurent de longues périodes géologiques. OMEGA en a caractérisé la composition : le pole Sud s'est révélé être un vaste glacier d'eau de plusieurs centaines de kilomètres de large et de plusieurs kilomètres d'altitude. Les deux calottes, au Sud et au Nord, constituent vraisemblablement les plus importants réservoirs d'eau de la planète.

Pour la première fois, de grandes quantités d'eau étaient identifiées sur Mars.

Jusque-là, on considérait plutôt que le pôle Sud était constitué de glace carbonique, c'est-à-dire de gaz carbonique gelé : aucune observation directe n'en avait jamais été effectuée, mais la température semblait correspondre à celle, très froide, de condensation de ce gaz : − 125 °C. OMEGA a montré que ce qui apparaît brillant sur les images du pôle Sud est bien de la glace de CO_2, mais constitue un film de quelques mètres au plus, un fin vernis recouvrant un épais monticule de glace d'eau, de plusieurs kilomètres d'épaisseur. Cette glace est mélangée à de la poussière, si bien que, sur les images des caméras et des télescopes, elle n'apparaît pas brillante mais sombre. Elle ne se différencie pas du socle des terrains rocheux environnants : elle avait donc échappé à l'observation.

Le fait qu'on avait identifié le principal réservoir d'eau sur Mars et montré qu'il n'existe pas de grandes quantités de gaz carbonique gelé allait profondément marquer notre compréhension de l'histoire de cette planète. Ce qu'on a retenu, compte tenu de l'importance de l'eau dans l'évolution vers le vivant, fut le fait que Mars Express avait identifié, pour la première fois, les réserves d'eau martiennes.

Rien bien entendu ne disait qu'elles résidaient principalement sous cette forme, gelée aux pôles. Cela suffisait toutefois à donner à Mars Express les galons du succès : il n'y eut pas de journaux, sur les cinq continents, qui n'en relatèrent la découverte, avec à l'appui une image (voir Figure 10, page 48) construite la veille même de la conférence de presse : elle représente le pôle Sud de Mars, avec des couleurs illustrant la teneur en eau et en gaz carbonique. Quelques semaines plus tard, ces résultats constituèrent les tout premiers publiés, dans la revue *Nature*, sous le titre de couverture « Mars

Express Delivers » : Mars Express tout à la fois livre ses résultats et nous délivre...

À partir de ce jour, une saine émulation entre les Mars Exploration Rovers (MERs) Spirit et Opportunity, et Mars Express pouvait enfin prendre naissance et s'épanouir : ce que les premiers trouveraient au sol servirait de « vérité du terrain » à ce que Mars Express identifierait en orbite. En retour, Mars Express pourrait, de là-haut, identifier les unités géologiques et décrire le contexte permettant d'interpréter les mesures faites au sol. La coopération prenait forme et sens, guidée par de vraies complémentarités scientifiques. Pour l'équipe de l'instrument OMEGA, c'est dans cet esprit que nous avons conduit notre activité. Nous avons à plusieurs reprises effectué des observations conjointes, simultanées, OMEGA observant le site de Spirit ou d'Opportunity, alors que les instruments au sol pointaient vers l'espace, dans la direction de Mars Express, de sorte à compléter et à corréler nos mesures.

Des sulfates, de la rouille, des argiles

Jour après jour, Spirit et Opportunity progressaient, et chacun pouvait en suivre le périple, remarquablement bien documenté en temps quasi réel sur des sites accessibles à tous. Le temps de ces deux rovers était effectivement compté : ils étaient prévus pour durer et opérer pendant trois mois. Chaque jour devait donc se solder par un progrès : soit un déplacement pour se rapprocher d'une cible choisie, soit des mesures. Toute activité à la surface de Mars prend beaucoup de temps, beaucoup plus qu'on ne le pense : il faut en permanence minimiser les risques, ce qui exige d'analyser en détail toutes les données dont on dispose pour prendre les bonnes décisions ; mais, en même temps, il ne faut y consacrer que le temps indispensable à la prise de décision. La manière dont la NASA a ainsi construit le système de gestion scientifique et technique de ces missions est exemplaire, en termes de responsabilité et d'efficacité. L'ensemble des équipes vit au rythme des jours martiens, qui durent 24 heures et 37 minutes. Il s'agit en effet de réveiller les engins quand, sur Mars, le jour se lève, réchauffe les systèmes et recharge les batteries. L'optimisation de cette gestion est pour beaucoup dans le succès de cette mission, dont la longévité a battu tous les records de prédiction : elles fournissent encore d'excellents résultats, plus de cinq ans après s'être posées. Cela leur a permis de parcourir des kilomètres, au lieu des centaines de mètres envisagés. Ils ont pu, l'un comme l'autre, atteindre des sites qui semblaient parfaitement inaccessibles, perdus à l'horizon quand ils se sont posés. Grâce à cette capacité d'atteindre et d'analyser des terrains variés et éloignés, des découvertes majeures ont été effectuées.

Figure 11 – Image d'artiste de l'atterrisseur Philae de la sonde Rosetta, qui se posera, en novembre 2014, sur un noyau cométaire pour en identifier la composition et les propriétés.

Figure 12 – Image de Mars, prise depuis la sonde Rosetta en route vers une comète, alors qu'elle a survolé la planète rouge le 25 février 2007. On distingue au premier plan l'un des panneaux solaires de la sonde. La caméra qui a pris cette image est l'une de celles qui, installée sur l'atterrisseur Philae (voir Figure 11), fixé à la sonde pour la croisière interplanétaire, réalisera le panorama de la comète, une fois Philae largué et posé à même le noyau.

Les sites d'atterrissage avaient été choisis d'après les observations de Mars Global Surveyor (MGS). Spirit s'est posé dans un grand cratère d'impact, du nom de Gusev, qui semblait avoir été alimenté en eau par un fleuve aujourd'hui asséché, mais dont la trace était encore nettement visible sur son flanc sud-est ; d'autres structures, à l'Ouest, pouvaient même être interprétées comme provenant du débordement de l'eau accumulée dans ce cratère. Il était donc plausible que Spirit analyserait le fond d'une structure de type lacustre. Pour Opportunity, c'est une donnée minéralogique qui a été déterminante. TES, le spectromètre infrarouge de MGS, avait identifié une vaste zone couverte d'*hématite* grise, un oxyde ferrique de formule Fe_2O_3. Sans être lui-même constitué d'eau, ce minéral pouvait résulter d'une activité aqueuse massive, d'après ce qu'on savait des conditions de sa formation sur Terre. Pour chacun des deux rovers, c'est donc la possibilité d'analyser des terrains travaillés par l'eau qui avait guidé le choix du site.

Les premiers résultats de Spirit ne furent pas à la mesure de l'espoir d'accéder à des terrains altérés par l'eau. Les analyses des premiers mois ne délivraient tout au contraire que la signature de terrains essentiellement volcaniques, non altérés. Elles indiquaient que, depuis plus de 3,5 milliards d'années, l'eau n'avait pas modifié la composition ni la structure de ces matériaux. Si la mission s'était terminée comme prévu, la moisson de résultats de Spirit aurait été décevante. Il se trouve que, beaucoup plus tard, Spirit allait donner des résultats très importants : ils n'ont pris sens que grâce aux découvertes d'Opportunity.

Car le choc est bien venu d'Opportunity. Le site dans lequel il s'est posé ne ressemblait à aucun visité précédemment par un engin spatial, qu'il s'agisse de Viking 1, de Viking 2, de PathFinder ou de Spirit. Opportunity s'est posé dans un petit cratère : le panorama était très étonnant. Les structures que ses caméras mettaient en évidence n'apparaissaient pas dans les images prises depuis l'espace : on distinguait nettement des affleurements de couleur claire, présentant une stratification. L'impact avait réalisé une coupe, mettant au jour ces empilements effectués au cours du temps : il semblait bien qu'ils résultaient d'une sédimentation par un processus d'accumulation, éolien ou aqueux. La pente de ces terrains était assez faible – quelques degrés : on pouvait parfaitement envisager qu'Opportunity les descendît, pour analyser leur composition.

C'est début mars 2004 que les premières analyses de la composition de ces terrains ont été effectuées. Spirit comme Opportunity disposent de plusieurs instruments d'observation, jusqu'à l'échelle microscopique, et d'analyse : l'un d'eux mesure la composition élémentaire, par spectrométrie X, comme sur PathFinder. Il détecte, par exemple, le soufre, le magnésium, le calcium ou le fer. Pour les roches contenant du fer, un second instrument détermine, par *effet Mossbauer*, le type de minéral qu'elles contiennent. Tous deux ont été fabriqués en Allemagne.

La première surprise est venue des images de surface : en de nombreux endroits, elle était jonchée de petites billes rondes, très régulières, de taille pouvant atteindre plusieurs millimètres. En couleurs, ces billes paraissaient d'un bleu sombre, profond : elles furent qualifiées de myrtilles. On attendait de savoir ce qu'était leur composition : les deux instruments convergeaient vers celle d'oxydes ferriques, non hydratés : il s'agit très vraisemblablement des minéraux d'hématite que TES avait repérés, depuis l'espace, emportant la décision sur le site où se poser. Le plus important était encore à venir.

Ce sont les analyses des affleurements clairs dans lesquels les sphérules d'hématite étaient repérées qui ont déclenché une vague d'excitation. Les signatures étaient celles du soufre et du magnésium. Rien à voir avec les roches volcaniques qui, jusqu'à présent, avaient été identifiées, partout où l'on s'était posé ; il pouvait bien s'agir de sels, en l'occurrence de sulfates de magnésium. Or un sel est le produit d'une réaction avec de l'eau, suivie de précipitation, éventuellement d'évaporation : pour la NASA, la preuve était enfin trouvée que Mars avait connu des épisodes aquatiques. Le but était atteint.

Le communiqué de presse que la NASA a fait paraître immédiatement, daté du 23 mars 2004, accessible sur son site public, est exemplaire de l'état d'esprit qui présidait, et en vérité continue à dominer les programmes d'exploration de Mars :

« Le rover Opportunity de la NASA a démontré que certaines roches de Mars se sont probablement formées comme des dépôts au fond d'une étendue d'eau salée en mouvement lent. "Nous pensons qu'Opportunity est stationnée au bord d'une ancienne

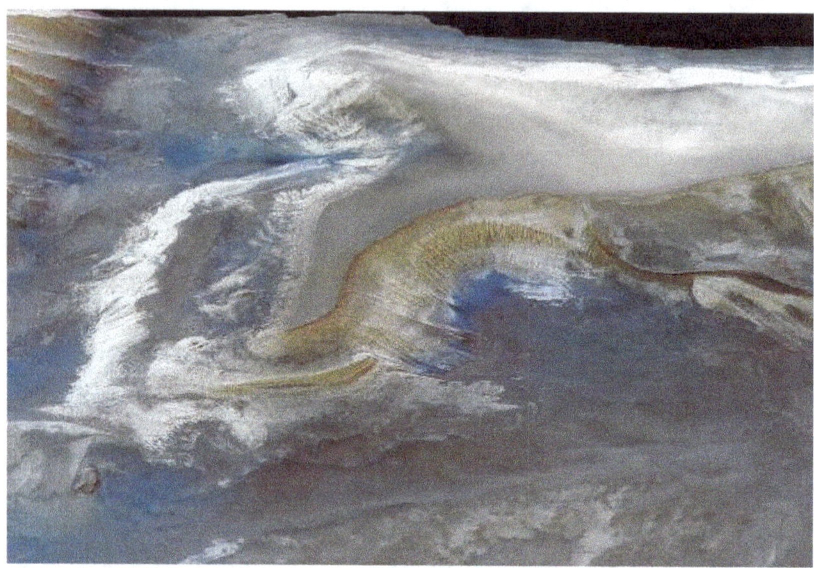

Figure 13 – Image stéréoscopique, en fausses couleurs, de Candor Chasma, dans Valles Marineris, construite à partir des données de la caméra HRSC sur Mars Express. Ce monticule fait plus de 3 km d'altitude et plus de 150 km de large. L'instrument OMEGA a montré que les terrains, stratifiés, qui apparaissent sur les flancs en blanc et ocre, sont constitués de sulfates hydratés, témoignant d'une ère ancienne où de grandes masses d'eau ont été charriées.

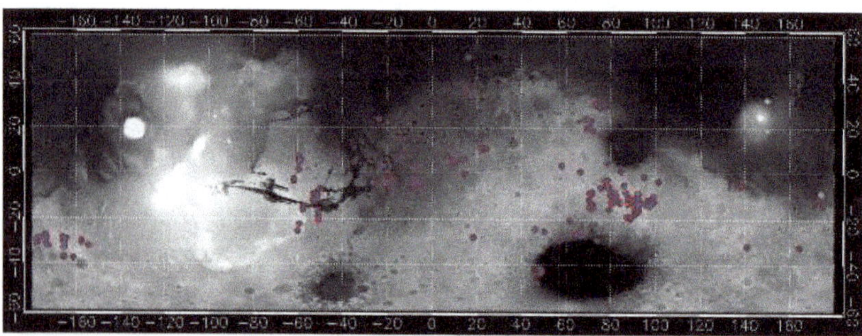

Figure 14 – Sur cette carte, les symboles de couleur représentent les sites où OMEGA a identifié des minéraux hydratés. Toutes les argiles sont situées dans les terrains cratérisés, très anciens : il y avait de l'eau au tout début de l'histoire de Mars. On constate que les terrains du Nord, qui apparaissent sombres sur cette carte et correspondent en fait aux sols rougeâtres, sont strictement anhydres : ce n'est pas l'eau qui a rouillé Mars (voir page 164).

Figure 15 – Certains des cratères martiens sont entourés de dépôts « lobés » tels que pourraient en produire des impacts dans un matériau contenant de la glace (voir page 72).

Figure 16 – Les traces de Spirit, l'un des deux Mars Exploration Rovers de la NASA, se repèrent facilement. Les roues font remonter en surface du matériau sombre, non altéré : la pellicule de rouille est extrêmement fine (voir page 164).

mer salée martienne", dit le Dr Steve Squyres de Cornell University (Ithaca, NY), principal investigateur de la charge utile scientifique d'Opportunity et de son jumeau, Spirit. Le Dr Ed Weiler, administrateur associé pour les sciences spatiales de la NASA, a dit : « Cette confirmation décisive d'eau stable dans l'histoire de Mars participe à une séquence de découvertes de mondes étrangers semblables à la Terre. Ce résultat nous encourage à développer notre programme ambitieux d'exploration de Mars, pour apprendre si des microbes y ont vécu et si, finalement, nous pouvons y vivre. »

S'agissait-il bien d'une « confirmation décisive » (*dramatic confirmation*) de ce que Mars a connu des étendues d'eau pérenne dans son histoire, et qu'il s'agit d'une planète de type terrestre ?

Au moment même où Opportunity découvrait des minéraux contenant du soufre et du magnésium, OMEGA, depuis l'orbite de Mars Express, identifiait de vastes régions contenant des sulfates, validant l'interprétation fondée sur les mesures de composition élémentaire effectuées au sol ; surtout, OMEGA montrait qu'il s'agissait de minéraux hydratés.

Dans le domaine de longueur d'onde accessible à OMEGA, la présence de molécules d'eau H_2O, ou simplement de radicaux OH, sous quelque forme que ce soit, se détecte aisément. En outre, on peut déterminer la forme sous laquelle ce radical ou cette molécule réside : par exemple, des givres et de la vapeur d'eau ont des signatures légèrement distinctes, qui en permettent la discrimination. Lorsque l'eau est piégée dans la matrice d'un minéral, elle apparaît également différemment ; le type de minéral, silicate, oxyde ou sulfate hydraté, peut être identifié par une analyse rigoureuse. OMEGA a ainsi rapidement découvert l'existence, à la surface de Mars, de terrains contenant des sulfates hydratés, et a pu les classer en différentes familles, en fonction du nombre de molécules d'eau qu'ils contenaient ; dans certains cas, OMEGA a pu déterminer qu'il s'agissait de sulfate de magnésium, comme de la kiesérite ou de l'epsomite, ou d'un sulfate de calcium, comme le gypse. Ainsi, c'est toute une série de sels qu'OMEGA a identifiée, caractérisée et localisée. Tout particulièrement, des terrains proches du site exploré par Opportunity étaient effectivement recouverts de vastes zones de sulfates hydratés.

Qu'apporte cette découverte à l'histoire de l'eau sur Mars ? Notre réponse fut plus nuancée que celle de la NASA. L'existence de sulfates, par analogie avec ce qu'on sait de la chimie terrestre, indique que des minéraux, vraisemblablement d'origine volcanique, ont été en contact avec de l'eau en abondance, au point d'y être altérés et de précipiter en sels une fois l'eau retirée. Toutefois, nous considérions que cela n'imposait pas que l'eau eût été stable, sur de longues périodes, « *standing water* », car des sels peuvent parfaitement se former alors que l'eau est instable et s'évapore rapidement. Or, pour les questions liées au vivant, ce qui compte n'est pas tant que de l'eau ait existé, ni même qu'elle ait coulé, mais qu'elle ait pu se maintenir sur de longues périodes : de cela, selon nous, les sulfates ne sont pas des traceurs sûrs.

Certaines indications allaient même dans le sens opposé : parmi les sulfates hydratés que nous avons observés, quelques-uns, comme la kiésérite, un sulfate de magnésium monohydraté, sont très instables : en présence prolongée d'eau, ils se transforment. C'est ce qui explique qu'ils soient très rares sur Terre. Leur détection, dans de nombreux terrains sur Mars, atteste plus d'une activité épisodique, non répétée, peut-être transitoire. D'abondantes quantités d'eau ont pu monter et provoquer le dépôt de couches épaisses de sulfates, sans être stables pour autant. Si les conditions de stabilité de l'état liquide ne sont pas réunies, par exemple parce que la pression atmosphérique est trop faible, cela peut prendre des heures, des jours, parfois des semaines, avant qu'elle ne se vaporise intégralement. Elle a le temps de dévaler les pentes, d'y creuser des sillons profonds, d'accumuler des dépôts de sulfates, tout en se vaporisant, sans alimenter d'étendues lacustres, marines ou océaniques.

La composition des différents sulfates qu'OMEGA a mis en évidence donne une indication supplémentaire. Par analogie avec ce qu'on sait des conditions de formation de ces minéraux sur Terre, il semble que le milieu, au moment de cette formation, était très acide.

OMEGA indiquait en outre la répartition géographique de ces sulfates. En réalisant des images spectrales, nous pouvons dresser des cartes des zones où les signatures des sulfates hydratés sont identifiées. Ce qui est d'abord apparu, puis s'est confirmé au long des années d'observation qui ont suivi, c'est que les sulfates ne sont observés que dans une fraction très limitée de la surface de Mars. La plupart des zones se situent dans les chasmata de Valles Marineris et parmi les plaines adjacentes de Terra Meridiani dans lesquelles Opportunity s'est posé, jusqu'à Aram Chaos plus au nord.

Figure 17 – OMEGA a montré que la région de Mawrth Vallis contient les plus grands dépôts d'argiles hydratées (représentées ici en jaune et rouge), vestiges probables de l'ère où Mars fut recouverte d'eau. On constate que, contrairement à ce que l'on pourrait croire, ce n'est pas au fond des lits de rivière ni dans leurs débouchés qu'ils se trouvent. Ceux-ci sont recouverts de lave volcanique, illustrée en bleue. Les écoulements violents qui ont creusé ces vallées de débâcle n'ont pas duré, ni alimenté d'océans pérennes. En revanche, ils ont exhumé des terrains plus anciens, très cratérisés, qui contiennent ces argiles, témoins précieux de l'habitabilité éventuelle de Mars (voir page 168).

Figure 18 – Sur cette image stéréoscopique de Mawrth Vallis, réalisée par la caméra HRSC de Mars Express, les zones brillantes sont celles où OMEGA a repéré des argiles : c'est là qu'il faudrait poser les futurs rovers d'exploration, MSL (NASA) ou ExoMars (ESA), comme l'illustre ce montage.

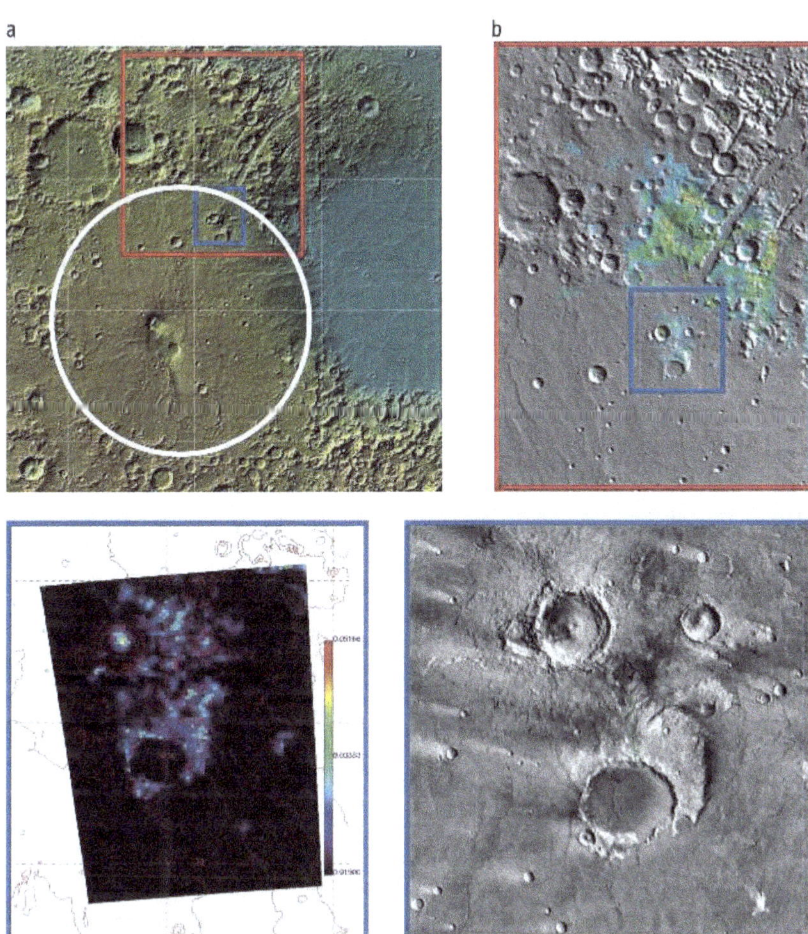

Figure 19 – La région de Syrtis Major (a) présente des terrains très anciens, fortement cratérisés, entourant une région (cercle blanc) au centre de laquelle une éruption volcanique est survenue alors que le bombardement primordial s'achevait : les laves ont comblé en partie les cratères, d'un matériau apparaissant beaucoup plus lisse pour ne pas avoir ensuite subi d'impacts nombreux (carrés bleus). Les terrains en couleurs des images b et d contiennent des argiles hydratées : on constate que ce sont les terrains non recouverts de lave. Les argiles se sont formées avant qu'elle ne se répande. L'ère où la surface de Mars a été recouverte d'eau, dont les argiles gardent la mémoire, date du bombardement primordial (voir page 169).

On trouve dans Valles Marineris de grands reliefs, sous forme de monticules qui atteignent parfois plusieurs kilomètres d'altitude sur des dizaines de kilomètres de long, sortes de hautes mesas comme on en rencontre dans de nombreux déserts terrestres. Sur Mars, elles sont le plus souvent stratifiées : c'est sur les flancs de ces promontoires que nous avons trouvé les massifs de sulfates les plus imposants (voir Figure 13, page 150). Est-ce qu'ils forment une pellicule les recouvrant, ou en constituent-ils le cœur même ? Les indices, contradictoires, ne permettent pas de départager définitivement les deux hypothèses.

Des zones riches de sulfates existent également dans Terra Meridiani, jusqu'à plusieurs centaines de kilomètres du site exploré par Opportunity. Cette vaste unité se situe à l'est de Valles Marineris à laquelle elle est géologiquement couplée. Cette région, de plus de 1 000 kilomètres de large, est en effet bordée, sur son flanc sud, de plateaux cratérisés, donc très anciens, ayant préservé la mémoire des premiers moments de l'histoire du système solaire. Terra Meridiani est globalement inclinée, avec des pentes descendant vers le nord, jusqu'à des plaines beaucoup plus jeunes, de moins en moins cratérisées. Cette inclinaison d'ensemble résulte d'un vaste mouvement de torsion survenu après la période de bombardement : c'est très probablement un effet de la formation du dôme de Tharsis. La masse considérable de ce dôme, appuyant sur la lithosphère sous-jacente, a produit des effets tectoniques à grande échelle, dont l'éclatement de la croûte formant des failles qui ont ouvert Valles Marineris, et le soulèvement de Terra Meridiani. Un régime de vents violents semble avoir affecté les pentes de Terra Meridiani : il a érodé la surface en de multiples endroits. C'est pourquoi on y détecte de nombreux affleurements de terrains initialement enfouis, qui ont été exhumés par ce processus. Cette érosion éolienne, limitée par le fait que la pression atmosphérique est très faible, a duré des milliards d'années : elle a fini par exposer en surface des sols composés de sulfate.

Ce sont eux qu'Opportunity a analysés et qu'OMEGA a identifiés et caractérisés par la composition minéralogique sur des zones étendues, en particulier au nord-est du site d'atterrissage. Les résultats couplés d'Opportunity et d'OMEGA ont donc permis de mettre en évidence une ère durant laquelle Mars a connu des conditions très particulières.

Quand cela s'est-il passé ? Le contexte géologique et la structure de surface donnent quelques indications. On n'a pas identifié de sulfates dans les terrains très cratérisés de l'époque du bombardement primordial. On n'en rencontre pas non plus dans les plaines du Nord, qui ont été progressivement oxydées et rougies. Le fait qu'ils se trouvent principalement dans des reliefs et des régions proches du dôme de Tharsis plaide en faveur d'un processus de formation, par apport massif d'eau en surface, lui-même lié à la formation de ce dôme, comme à l'ouverture du réseau de chasmata de Valles Marineris. La formation de sulfates serait donc ancienne, sans remonter aux premières centaines de millions d'années de l'histoire de Mars : elle daterait d'une période se situant entre 3,5 et 3,9 milliards d'années typiquement.

Il n'est pas strictement exact qu'OMEGA n'a détecté de sulfates que dans les régions décrites précédemment, à l'est de Tharsis. Il en a également identifié sur des terrains où personne ne les attendait : au pôle Nord ! Ils témoignent d'une tout autre période de l'histoire de Mars, très récente.

Fin 2004, c'était l'été dans l'hémisphère Nord de Mars, les givres avaient totalement disparu, et l'on pouvait enfin y apercevoir les glaces permanentes du pôle. OMEGA en réalisa une carte globale, pour en identifier la composition : il n'y avait que de la glace d'eau ; toute la neige carbonique s'était sublimée. C'était attendu, mais cela confirmait, après la couverture du pôle Sud quelques mois plus tôt, que les deux calottes polaires constituent de grandes réserves d'eau.

Sur les images (voir page 160), la calotte polaire Nord se présente sous forme de bras de glace clairs, séparés par un vaste champ de dunes sombres, s'étalant sur plusieurs centaines de kilomètres ; on ne disposait d'aucune indication de leur composition. OMEGA y a relevé des signatures spectrales très spécifiques : elles se sont révélé être celles de sulfates, plus précisément de gypse, un sulfate de calcium bi-hydraté ; le pôle Nord de Mars serait recouvert de plâtre, très sombre… La photo de couverture illustre ces résultats : de fausses couleurs ont été utilisées pour représenter la glace d'eau (en bleu) et le gypse (en rouge).

L'origine de ce gypse fait encore l'objet de débats. L'une des possibilités est qu'il traduit le fait que Mars est une planète encore active.

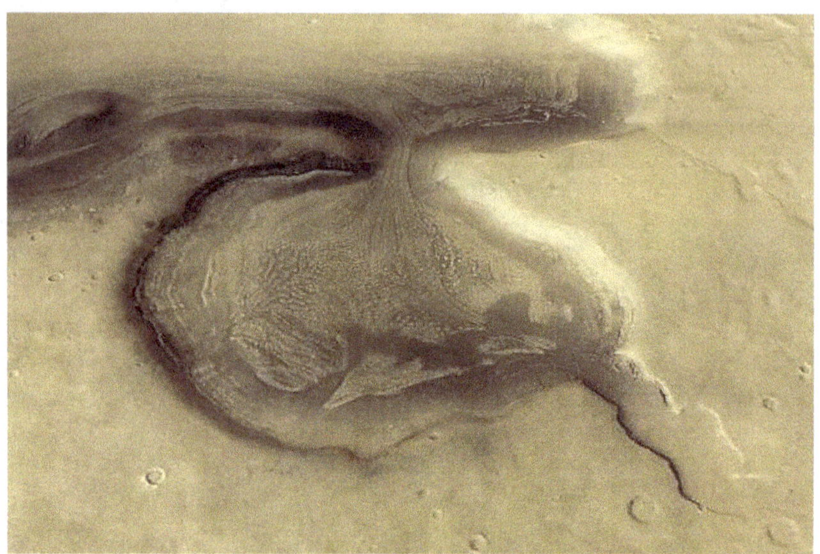

Figure 20 – L'oscillation de l'obliquité de Mars a pu conduire à des dépôts de glaces sublimées des régions polaires, suivis de débâcles soudaines, dont des structures d'écoulement de type glaciaire portent témoignage (voir page 180).

Figure 21 – En 2011, la NASA devrait lancer vers Mars un rover de très grandes dimensions, le Mars Science Laboratory, de plus de 600 kg. Prévu pour opérer une année martienne au moins, même pendant l'hiver très rigoureux, de jour comme de nuit, il sera muni d'un générateur radioactif (qu'on voit ici à droite) pour ne pas devoir emporter de panneaux solaires de trop grandes dimensions. Un long bras lui permettra de collecter des échantillons du sol, pour procéder à des analyses *in situ* inédites.

Figure 22 – L'ESA projette de poursuivre l'exploration de Mars qu'elle a inaugurée avec Mars Express, par la mission ExoMars, durant laquelle un rover sera chargé de caractériser *in situ* les propriétés du sol, notamment du point de vue exobiologique. MSL et ExoMars préparent la mission de retour d'échantillons de Mars, qui pourrait constituer l'une des aventures les plus fécondes de l'exploration planétaire des décennies à venir.

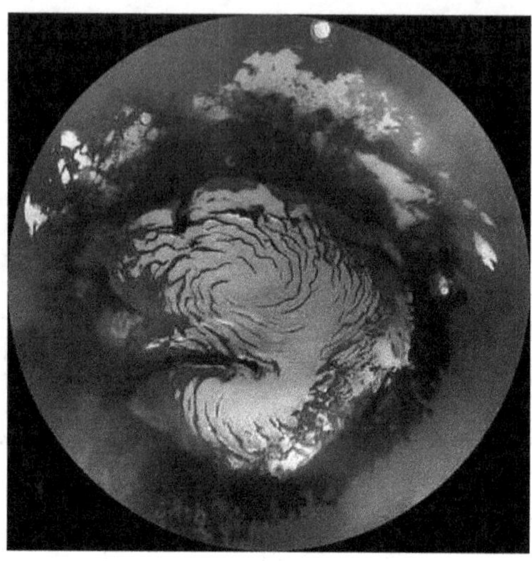

Mars semble ne plus présenter de signe d'activité volcanique. La caméra HRSC de la sonde Mars Express, qui a réalisé des images à haute résolution de la plupart des édifices volcaniques, y a dénombré les cratères d'impacts : ils permettent de dater leur dernière éruption. Pour la plupart, elle se situe il y a une centaine de millions d'années ; pour un petit nombre, des éruptions plus récentes semblent s'être produites, il y a quelques dizaines de millions d'années ; c'est très peu par rapport à l'âge de la planète, qui est de plus de 4,5 milliards d'années. Le refroidissement progressif des couches superficielles, par le rayonnement couplé à la diminution irréversible des réserves en carburant radioactif, rend de plus en plus difficiles les remontées de lave jusqu'à la surface.

Tant que se produisent des épanchements de laves, de grandes quantités de gaz, piégés dans les couches profondes, sortent par la même occasion. Que se passe-t-il lorsque les laves ne parviennent plus à s'extraire du sous-sol jusqu'à la surface, comme il semble que ce soit désormais le cas de Mars ? Le gaz peut-il trouver le moyen de diffuser et d'alimenter l'atmosphère ? Sur Terre, les gaz d'origine volcanique sont fortement chargés de composés soufrés : ils proviennent principalement de la transformation des sulfures de fer basaltiques en molécules, dont l'hydrogène sulfuré H_2S est immédiatement repéré par qui observe des éruptions volcaniques, tant il en émane une odeur forte, et particulière. Sur Mars, ne serions-nous pas en présence d'un processus similaire ? Le gypse observé par OMEGA dans les dunes polaires ne pourrait-il résulter de l'altération, sur place, du substrat par des gaz sulfurés chauds dégazés de l'intérieur ?

La découverte de gypse dans la calotte nord de Mars signifie-rait donc que Mars dégazerait toujours des composés enfouis dans son sous-sol. Parce qu'elles sont situées au point d'altitude le plus bas de la planète, ces zones polaires constitueraient, vues de l'inté-rieur de Mars, les plus accessibles des zones de surface : les régions où les derniers dégazages atmosphériques auraient lieu.

L'atmosphère martienne contemporaine résulterait ainsi d'un équilibre entre des apports (par dégazage) et des pertes (par pié-geage au sol, destruction et échappement atmosphériques). Ce serait vrai pour l'ensemble des constituants, majeurs (CO_2), mineurs (N_2 et A) et traces (comme l'eau H_2O, le méthane CH_4).

La détection et la localisation des sulfates au pôle Nord de Mars montrent comment la mise en évidence de minéraux dans un contexte donné éclaire un pan de l'histoire de Mars : en l'occur-rence, les dernières phases de l'activité interne, à l'époque actuelle.

Un minéral requiert des conditions spécifiques pour se for-mer. Son identification permet donc de reconstruire l'environne-ment qui prévalait au moment de sa formation. Le contexte géo-logique donne la dimension temporelle.

Les sulfates ne sont qu'une des familles de minéraux détectés et cartographiés : OMEGA a caractérisé systématiquement l'ensemble des terrains recouvrant Mars. Il a ainsi donné une représentation cohérente de son histoire.

Pour remonter au passé le plus ancien, on dispose des terrains saturés de cratères qui datent du bombardement primordial. Leur structure témoigne des premiers moments de la planète. Pour autant, elle ne suffit pas à assurer qu'ils ont préservé l'ensemble de leurs propriétés originelles. Ils pourraient avoir subi de nombreux processus d'altération qui, sans modifier leur structure forgée par les impacts, auraient changé, au moins partiellement, la composi-tion des matériaux eux-mêmes.

À la suite de l'instrument TES de la mission MGS, qui avait déjà cartographié ces terrains, OMEGA a montré qu'ils sont toujours constitués des minéraux magmatiques à partir desquels ils se sont cristallisés au tout début de l'histoire de cette planète. On y retrouve les silicates caractéristiques de ces processus, sans trace d'altération. Parmi ceux-ci, des pyroxènes, mélangeant des phases riches en calcium, comme de la diopside et de l'augite, et des phases pauvres en calcium, comme de l'enstatite ou de la pigeonite. Pour qui s'intéresse à la manière dont le magma s'est solidifié, cette composition est importante : elle traduit une recristallisation à partir d'un magma de très haut degré de fusion. Une fois solidifiée, la croûte de surface a conservé la composition acquise.

Ces résultats confirment le modèle d'évolution de Mars comme celle d'une planète trop peu massive pour avoir, du point de vue de ses ressources énergétiques propres, produit un remodelage global, comme c'est le cas de la Terre. L'activité interne, qui a notamment conduit au remplissage des plaines du Nord par de la lave, a épargné une grande fraction de la surface. Par ailleurs, non seulement les terrains cratérisés ont été préservés sur près d'un hémisphère, mais en outre ils ont conservé leur composition d'origine. Ils n'ont pas subi d'altération chimique ou minéralogique. On peut donc encore trouver, à la surface de Mars, des terrains ayant conservé les propriétés acquises à l'époque très ancienne du bombardement primordial, contemporaine de celle durant laquelle, sur Terre, la vie apparaissait.

La composition de la surface de Mars présente ainsi une dichotomie qui contraste avec l'unité des processus de formation. La grande majorité des terrains martiens procède en effet d'un même type d'origine, magmatique : la croûte, du refroidissement d'un matériau fondu, et les plaines du Nord, de la solidification des laves volcaniques qui ont rempli les vastes dépressions boréales. Or l'analyse spectrale indique que seule la croûte cratérisée présente toujours la signature des matériaux magmatiques d'origine. Les terrains les plus anciens, qui ont eu le plus de temps pour être altérés, le sont le moins. Par contraste, les terrains plus récents, beaucoup moins cratérisés, sont recouverts d'une couche d'altération : dans les plaines du Nord, on ne détecte plus la présence en surface de leurs composés d'origine.

D'où vient ce paradoxe ? Quels sont les processus qui ont agi, non pas à l'échelle globale de la planète, mais de vastes régions, pour en modifier la composition de surface ?

La cartographie spectrale réalisée par OMEGA permet de répondre à ces interrogations. Les régions sans signature de constituant magmatique sont celles qui, sur les images de Mars, apparaissent les plus brillantes ; ce sont également les plus rougeâtres. On serait donc tenté de lier les deux observations et d'interpréter l'absence de signature de roches magmatiques comme le fait qu'elles ont été transformées en surface par oxydation de composés ferreux en oxydes ferriques : Mars se serait rouillée.

Observé au télescope, le spectre de Mars fait apparaître une bande d'absorption à très basse longueur d'onde : elle émet donc relativement plus de rayonnement de grandes longueurs d'onde, c'est-à-dire plus de rouge que de bleu. Des simulations en laboratoire ont montré que les oxydes ferriques présentaient un spectre très particulier, ayant cette propriété. OMEGA a pu dresser une carte à résolution kilométrique de la répartition des oxydes ferriques : la corrélation avec les zones brillantes et rougeâtres est parfaite. Ce qui relevait plus de l'idée, voire de la croyance devenait une observation validée par une mesure physique : Mars est rouge car à sa surface, dans de vastes régions, le fer s'y trouve sous forme ferrique, et non ferreuse. Elle s'est bel et bien rouillée. Reste la question majeure : cette altération résulte-t-elle de l'action de l'eau ?

Comme on l'a vu, dans le domaine de l'infrarouge proche où opère OMEGA, l'eau est immédiatement détectée, sous quelque forme qu'elle se trouve : gazeuse, liquide ou solide, adsorbée sur des grains ou piégée dans leur réseau cristallin ; rien ne peut la cacher. OMEGA a ainsi identifié et localisé l'ensemble de ce qui, à la surface de Mars, contient de l'eau et même, plus généralement, la liaison OH. Cette carte de répartition (voir Figure 14, page 150), où figurent toutes les espèces détectées, est bien sûr essentielle pour reconstituer l'histoire de l'eau sur cette planète.

Ce qu'on constate tout d'abord, c'est que les vastes régions rougeâtres sont exemptes de toute hydratation. Les oxydes ferriques sont parfaitement anhydres. Leur spectre est celui de l'hématite, de formule Fe_2O_3, lorsqu'elle se présente sous forme de très petits grains, nanométriques. Il existe sur Terre de nombreux autres oxydes ferriques, qui résultent de l'action de l'eau et contiennent, comme la goethite, des radicaux OH. Ce ne sont pas ceux-là qui recouvrent la surface de Mars.

Mars est bien rouge de s'être rouillée ; en revanche, ce n'est pas l'eau qui l'a rouillée.

Si l'eau, liquide, avait été l'agent responsable, cela se verrait de deux manières : dans la composition des minéraux d'altération qui retiendraient le radical OH d'une façon ou d'une autre, ce qui n'est pas le cas ; mais aussi dans le profil vertical des roches altérées. De l'eau liquide aurait pénétré dans le sol au moins sur plusieurs millimètres, vraisemblablement beaucoup plus. On s'est aperçu, en particulier avec la mission Phoenix récente, que même le givre parvient à s'infiltrer dans le sol, y constituer un sous-sol gelé à plusieurs centimètres de profondeur, et y réagir avec les roches. L'eau aurait donc altéré les minéraux sur des profondeurs équivalentes. Or Spirit et Opportunity ont montré que la couche d'altération est considérablement plus mince, elle ne fait que quelques dizaines de micromètres.

Ces rovers possèdent en effet des instruments qui analysent la composition d'échantillons sur une profondeur de plusieurs centaines de micromètres. Lorsque ces instruments sont posés sur la surface, ils détectent les minéraux magmatiques, mais non la couche d'altération qui les recouvre : celle-ci est tellement fine qu'elle ne contribue pas au signal détecté. Une seconde observation conduit à la même conclusion : sur les images panoramiques prises par les rovers, on distingue clairement le chemin qu'ils ont emprunté par les traces qu'ils laissent derrière eux (voir Figure 16, page 151). En avançant, leurs roues retournent en effet le sol, très superficiellement, produisant un léger bêchage mettant en surface le matériau sous-jacent, sombre et non modifié – non oxydé. Pour être si superficielle, l'altération ne peut venir du travail de l'eau qui aurait recouvert l'ensemble et affecté de plus grandes profondeurs. Le fait que Mars est rouge ne traduit donc pas la présence d'océans passés.

Maintenant qu'ont été analysées ces régions recouvertes d'oxydes ferriques rougeâtres, c'est le contraire qui semble vrai : ces terrains n'ont pas connu d'épisode aqueux depuis que le processus d'oxydation s'est mis en place, c'est-à-dire vraisemblablement depuis plusieurs milliards d'années ; ils sont restés désertiques et arides. Si Mars a connu dans le passé des océans, c'est précisément dans des endroits qui aujourd'hui ne sont pas recouverts de poussière oxydée et rougeâtre qu'il faut en rechercher la trace.

Comment, dans ces conditions, se serait produite l'oxydation des composés ferreux en oxydes ferriques ? L'interprétation qui nous paraît la plus plausible est la suivante : l'oxydation proviendrait de composés atmosphériques et non pas d'eau liquide. Des molécules comme le peroxyde H_2O_2 sont connues pour être très corrosives. Celui-ci a été détecté dans l'atmosphère de Mars par des mesures effectuées depuis des télescopes terrestres. Parce que l'atmosphère de Mars est très ténue, la teneur en H_2O_2 est extrêmement faible. En nombre relatif de molécules, il n'y en a que quelques milliardièmes. Cela explique que l'altération par H_2O_2 soit extrêmement lente. Elle n'affecte que la surface des grains, sur beaucoup moins d'un millimètre de profondeur, et encore il y a fallu de très longues durées, des milliards d'années. C'est pour cela que les hauts plateaux, cratérisés et demeurés anciens, n'ont pas été affectés par ce processus. Plus on monte en altitude, plus la concentration atmosphérique diminue, et avec elle l'effet des réactions provoquées par les agents actifs.

Cela ne signifie pas que seuls les terrains les plus bas soient rouges. Les plus hauts volcans, ceux du complexe de Tharsis et le dôme lui-même, sont indiscernables des plaines brillantes et rougeâtres de basse altitude. C'est qu'ils sont recouverts de poussière, oxydée à basse altitude, et transportée par des vents. Ces phénomènes de transport éolien n'affectent toutefois pas l'ensemble de la planète : près de la moitié de la surface n'a été que très peu affectée par plusieurs milliards d'années au contact direct de son atmosphère, trop ténue. Dans quelques milliards d'années, l'oxydation aura gagné toute la surface : alors, Mars sera, définitivement et entièrement, rouge.

Dans la recherche de minéraux hydratés, deux nouvelles surprises nous attendaient. La première était l'absence de carbonates. L'idée initiale, même si ce n'était pas la nôtre, était que la très faible pression atmosphérique pouvait refléter le piégeage progressif de l'essentiel de l'eau et du gaz carbonique dans le sol, sous forme de permafrost et de carbonates respectivement. Pour ces derniers, l'exemple de la Terre, où ce processus a effectivement dominé, servait de référence. L'existence de carbonates aurait témoigné d'océans passés, et même permis de les localiser. OMEGA est particulièrement bien adapté à la détection de carbonates : nous en avons fait la démonstration par des simulations au laboratoire avant d'intégrer l'instrument sur la sonde, en mesurant sa sensibilité à cette détection lors de son étalonnage. En observant différents mélanges distincts par leur teneur en carbonates, nous avons montré que nous pouvions les détecter jusqu'à des concentrations extrêmement faibles : nous avons obtenu un signal diagnostique alors qu'ils ne représentaient que 1 % des grains, mélangés à 99 % d'autres minéraux pourtant également hydratés.

Dans aucune des observations faites par OMEGA en orbite martienne nous n'avons mis en évidence ces signatures caractéristiques de manière non ambiguë. Nous avons pu exclure la présence de carbonates à un niveau d'abondance supérieure à 1 % sur des champs de quelques centaines de mètres de large. Bien entendu, une non-détection ne constitue pas une preuve définitive de non-présence. C'est pourquoi de nombreux scientifiques hésitent à présenter un résultat négatif ; c'est pourtant là que se nichent souvent les informations les plus intéressantes. La non-détection de carbonates peut, par exemple, s'expliquer par le fait que, dans certains cas d'assemblage minéralogique, plusieurs signatures spectrales des carbonates deviennent si peu intenses qu'elles ne sont plus détectables. Une autre possibilité serait que ces minéraux se trouvent concentrés dans des dépôts de trop petites dimensions pour qu'OMEGA puisse les détecter. Une troisième serait qu'ils soient enfouis dans le sous-sol, hors d'atteinte des moyens d'analyse de surface. Cette dernière alternative est peu probable : si c'était le cas, on devrait en observer dans certains au moins des éjectas de cratères. Nous l'avons systématiquement recherché, et n'en avons pas trouvé. Il reste que lorsque des minéraux hydratés sont présents à la surface de Mars, OMEGA les détecte aisément – et les carbonates sont parmi les plus facilement détectables. Il semble donc justifié de considérer qu'il n'y a pas de carbonates sous forme de dépôts étendus, équivalents à ce qu'on observe sur Terre.

Finalement, nous n'avons repéré aucun réservoir actuel de gaz carbonique à grande échelle, ni sous forme de minéraux ni sous forme de glace permanente ; l'essentiel semble résider dans l'atmosphère, à une pression inférieure à 10 mbars. Avec l'absence de détection de carbonates à grande échelle disparaît l'un des indices les plus recherchés de l'existence d'étendues passées d'eau liquide. Certains ont proposé que l'essentiel du gaz carbonique initial se serait précipité en carbonates en présence d'eau, mais que ceux-ci auraient ensuite été détruits. Peut-être, mais cette destruction aurait reconstitué une atmosphère dense de CO_2, qui n'est plus présente aujourd'hui : un second processus doit l'avoir fait disparaître ensuite. En somme, qu'il y ait eu ou non une formation de carbonates très ancienne, ce n'est pas sous cette forme qu'aujourd'hui se trouve principalement le gaz carbonique.

L'atmosphère de Mars semble bien avoir été soufflée. L'essentiel du gaz carbonique initial, pour autant qu'il y en ait eu de grandes quantités, a disparu de la planète.

S'il n'a pas détecté de carbonates, OMEGA a identifié, aux côtés des sulfates, une seconde famille de minéraux hydratés : des *argiles*. De fait, il s'agit plus exactement de ce que les minéralogistes appellent des *phyllosilicates*, ou silicates en feuilles, dont elles constituent l'une des formes. Tous contiennent de l'eau. Les argiles sont faites de grains de petites dimensions, ce qui n'est pas le cas de l'ensemble des phyllosilicates : au risque d'être inexact, nous choisirons toutefois de parler ici d'argiles pour décrire cette famille, par simplicité.

Sur Terre, les argiles se forment lorsque des roches, par exemple d'origine volcanique, barbotent lentement dans de l'eau tiède ou chaude, telle qu'en produit la géothermie. La présence d'argiles est donc une indication probante que Mars a connu des conditions favorisant la stabilité d'eau liquide : autant on peut concevoir que des sulfates se forment hors d'équilibre, alors même que l'eau disparaît par évaporation, autant les argiles semblent requérir de l'eau sur la durée. Les *argiles* détectées par OMEGA ne sont pas toutes de même composition. La plus grande partie est constituée de *smectites* où dominent, aux côtés du silicium et de l'oxygène, des atomes de magnésium et de fer. D'autres, plus rares, contiennent également de l'aluminium, en proportion variable, comme la montmorillonite. La composition précise est importante, en ce qu'elle reflète directement le processus qui a donné naissance à ces minéraux. Elle est une indication du degré de lessivage par l'eau. La dissolution des différents atomes d'une roche volcanique est en effet progressive : le magnésium et le fer passent les premiers en solution, l'aluminium en dernier. Comme les argiles cristallisent dans cette solution, celles qui sont constituées principalement de fer et de magnésium, et de peu d'aluminium, résultent d'une faible altération ; celles en revanche qui contiennent beaucoup d'aluminium se sont formées après une forte altération des roches volcaniques : la kaolinite, qui ne contient que de l'aluminium, correspond à l'altération aqueuse maximale.

Le degré d'acidité du milieu est également un facteur déterminant de la minéralogie. Les argiles les plus abondantes détectées sur Mars se forment, sur Terre, dans une solution neutre ou basique : c'est tout le contraire de ce que requièrent les sulfates.

Sulfates et argiles témoignent donc d'environnements profondément différents : on a toutes les raisons de penser qu'ils se sont formés à des époques différentes, correspondant à des conditions climatiques elles-mêmes différentes. Lorsqu'on observe les lieux où sont détectés ces deux familles de minéraux, cette conclusion prend tout son sens. Les sulfates, on l'a vu, se rencontrent essentiellement dans une vaste région, à l'est de Tharsis, dans Valles Marineris et dans Terra Meridiani. Les terrains correspondants, pour anciens qu'ils soient, ont été formés après le bombardement primordial. Pour les argiles, c'est tout à fait différent. Les argiles hydratées sont détectées dans un très grand nombre de sites, la plupart de très petites dimensions, dispersés sur l'ensemble des plateaux cratérisés, les plus vieux terrains martiens. Plus augmente la précision des mesures, plus augmente le nombre d'affleurements où des argiles hydratées sont détectées, mais toujours dans des régions cratérisées.

Cette corrélation entre l'existence d'argiles et l'âge ancien des terrains qui les contiennent est fondamentale : elle indique que l'époque où Mars a connu des conditions permettant à l'eau de subsister à l'état liquide en surface est très reculée, contemporaine de celle où elle subissait l'intense bombardement primordial.

L'exemple de Mawrth Vallis est instructif (voir Figures 17 et 18, page 154). C'est la plus étendue des zones riches en argiles, s'étalant sur des dizaines de kilomètres. Il s'agit d'une de ces vallées de débâcle mises en évidence sur les images de Mariner et de

Viking, prenant son origine non loin de Valles Marineris, et se jetant dans les plaines du Nord. Elle est très semblable à celle d'Ares Vallis, voisine, qui avait été choisie comme site d'atterrissage de PathFinder. On aurait pu s'attendre à ce que, compte tenu de la violence des flots qui semblent avoir dessiné ces structures, c'est dans le lit lui-même, ou au niveau du débouché de ces écoulements, qu'on trouverait trace d'hydratation. Tout au contraire, OMEGA n'y a mis en évidence aucune roche d'altération aqueuse. À l'instar de ce que ParthFinder a observé, OMEGA n'y a identifié que des minéraux volcaniques anhydres.

Ces structures d'écoulement peuvent donc s'être produites à une époque où d'importantes quantités d'eau ont été projetées en surface par quelque processus catastrophique, non entretenu, lié par exemple à du volcanisme sporadique ou à des fontes glaciaires déclenchées par un changement violent d'obliquité.

Si l'eau ne trouve pas de conditions de stabilité, elle s'évapore tout en dévalant les pentes, sur des échelles de temps compatibles avec sa capacité à laisser des traces dans le relief, mais non à synthétiser de nouveaux minéraux. Tout se serait passé comme sur Terre lorsqu'une inondation violente se produit : même si elle ne se produit qu'une fois, les ravages, parfois impressionnants, subsistent longtemps après.

En revanche, sur les flancs de Mawrth Vallis, ainsi que sur les plateaux cratérisés environnants, de vastes zones d'argiles ont été observées : exhumées en surface par une forte érosion, éolienne ou aqueuse, elles attestent que Mars a été recouverte d'eau *avant* que ne se produisent les écoulements violents qui ont creusé les vallées profondes.

Dans le complexe de Syrtis Major, l'observation du contexte où sont observées les argiles conduit à la même conclusion concernant l'époque où elles se sont formées (voir Figure 19, page 155). Dans cette zone, des terrains excessivement cratérisés entourent une zone également cratérisée quoique à un bien moindre degré : au centre se trouve le vestige du vaste entonnoir d'où sont sorties des laves volcaniques. La mesure de la densité des cratères indique que les éruptions volcaniques se sont produites il y a 3,8 ou 3,9 milliards d'années : l'essentiel du bombardement primordial était terminé.

Ces laves ont non seulement recouvert de larges terrains, mais également rempli certains des cratères d'impacts primordiaux par des brèches qu'ont creusées dans leurs flancs d'autres impacts ; elles ont en revanche laissé intacts ceux qui étaient mieux protégés par des remparts circulaires bien préservés. Il y a donc dans cette région deux types de terrains, se distinguant par l'âge : des régions fortement cratérisées, très anciennes, entourant des terrains recouverts par de la lave elle-même ancienne, mais plus récente de quelques centaines de millions d'années. Cette dichotomie se retrouve dans la répartition des minéraux hydratés, qui présente un contraste frappant : on ne les observe que dans les terrains cratérisés non recouverts de lave. Les premiers effluves volcaniques se sont produits alors que Mars était devenue sèche et aride.

Pour autant que Mars ait été humide, c'est avant son activité volcanique. L'époque où elle a pu être recouverte d'eau est celle du bombardement primordial ; les argiles hydratées en sont la signature. L'intérêt de cette découverte est renforcé par le fait que les argiles possèdent des propriétés favorisant l'évolution chimique : leur structure en feuillets augmente la concentration et catalyse la polymérisation de molécules organiques. C'est un atout considérable pour construire les briques d'organismes vivants.

Une histoire de Mars

Pour construire une histoire, il faut des faits et une chronologie qui les ordonnent dans le temps. OMEGA permet d'identifier et de localiser des minéraux, des structures, de définir leurs conditions de formation et d'établir une correspondance avec l'âge où ils se sont formés, en partie déduites d'autres observations.

Définir un âge de manière absolue, sans disposer d'échantillons à partir desquels une datation directe puisse être effectuée, est imprécis. Le plus couramment, lorsque c'est possible, on compte les cratères accumulés dans une zone et l'on en mesure le diamètre. De cette distribution des tailles on déduit l'âge, par comparaison avec la Lune pour laquelle on dispose à la fois d'analyses d'échantillons et de mesures de taux de cratérisation. L'âge correspond au temps pendant lequel cette zone a accumulé ses cratères d'impact sans avoir été modifiée géologiquement : on date ainsi la période du dernier événement l'ayant affecté.

Lorsqu'une datation absolue n'est pas possible, ou peu sûre, on se limite à des âges relatifs. Les images donnent souvent accès aux séquences temporelles, par exemple lorsque des stratifications peuvent être mises en évidence, ou lorsque des empilements successifs peuvent être repérés. On peut alors évaluer que tel événement est survenu avant ou après un autre.

Jusqu'aux missions de ces dernières années, c'est sur la base des seules images qu'une telle chronologie a été construite. Une discipline s'est même développée autour de cette activité, pour reconstruire l'histoire géologique de la correspondance entre, d'une part, les structures caractéristiques, observées et interprétées par référence à leurs équivalents terrestres, et, d'autre part, l'âge relatif de leur mise en place. L'école française a été l'une des plus fécondes. L'histoire de Mars se divise alors en trois grandes ères, distinctes par leur taux de cratérisation. La plus ancienne correspond aux terrains les plus cratérisés ; elle a été qualifiée de *Noachien* car l'exemple le plus typique est trouvé dans Noachis Terra. La plus récente correspond à la période qui a suivi le bombardement primordial jusqu'à aujourd'hui ; c'est l'*Amazonien*, par référence à Amazonis Planitia, une vaste plaine lisse de l'hémisphère Nord. La période transitoire est l'*Hespérien* : Hesperia Planum en est le meilleur représentant.

Cette structure historique, la seule accessible pendant longtemps, ne fait appel qu'à un processus exogène, le bombardement de Mars par des objets interplanétaires. Elle ne reflète donc ni les conditions intrinsèques de la planète ni surtout leur évolution. Dès lors qu'une autre chronologie devenait possible, plus proche des propriétés martiennes elles-mêmes, il était tentant de la construire. L'existence de minéraux distincts, requérant des environnements distincts, identifiés en des terrains distincts, offrait cette perspective. Les minéraux exigent en effet des conditions très spécifiques pour se former : les identifier et les caractériser y donne accès. La dimension temporelle est fournie par les images qui donnent le contexte des terrains et permettent de construire une chronologie relative.

OMEGA a déterminé la composition du magma dont la croûte puis les épanchements volcaniques se sont solidifiés. Il a également caractérisé trois types de matériaux d'altération : des oxydes ferriques anhydres, des sulfates et des argiles hydratés. Pour chacune de ces familles, il a précisé la variété de compositions et décrit leur contexte géologique. Enfin, il n'a pas détecté de champs de carbonates. Cela suffisait comme trame à la construction d'une nouvelle histoire de Mars.

Une séquence apparaît en effet. Tout d'abord, la croûte s'est solidifiée, à partir d'un magma totalement fondu, comme en témoigne l'abondance relative des différents *pyroxènes*. La composition précise de ces silicates reflète le degré de fusion du magma dans lequel ils se sont formés, essentiellement sa température, un bon indicateur étant leur teneur en calcium. Comme on l'a vu, celui-ci est en effet le premier à passer des roches dans le liquide. Un magma faiblement fondu est donc riche en calcium et pauvre en autre élément : les pyroxènes qui s'y cristallisent lors de son refroidissement sont de l'*augite* et du *diopside*. Quand augmente le degré de fusion, tous les éléments passent dans le liquide, si bien qu'on retrouve une grande variété de compositions dans les produits de sa recristallisation, jusqu'à des pyroxènes pauvres en calcium. OMEGA a la capacité de discriminer parmi ces différents minéraux. Il a montré que la croûte martienne est constituée d'un mélange de minéraux balayant toute la gamme des teneurs en calcium. Elle s'est donc solidifiée à partir d'un océan de magma totalement fondu. En revanche, les épanchements volcaniques qui ont suivi cette phase et en partie recouvert la croûte primordiale sont systématiquement enrichis de pyroxènes riches en calcium : le volcanisme a pris naissance dans un magma plus tardif, de moindre degré de fusion.

C'est au sein des terrains les plus anciens, qui ont subi l'intense bombardement primordial et en ont conservé les traces, que se sont formées des argiles hydratées. Comme on l'a vu avec l'analyse de Syrtis Major, c'est ensuite que les premiers épanchements volcaniques se sont produits, recouvrant partiellement ces argiles. Celles-ci constituent donc les plus anciens témoins d'une altération massive par de l'eau. Elles témoignent d'une ère où Mars avait un climat bien particulier, stabilisant l'eau liquide en surface.

L'environnement devait donc être caractérisé tout à la fois par une température clémente et par une pression totale notablement supérieure à aujourd'hui, les deux conditions étant probablement liées. Pour que la température soit supérieure à 0 °C, afin que l'eau demeure liquide, il faut une pression suffisante pour retenir suffisamment de gaz à effet de serre, car il est nécessaire de contrebalancer l'éloignement du Soleil dont Mars ne reçoit que peu d'énergie : le flux est plus de deux fois moindre que sur Terre. D'autant que le Soleil, dans ses premières phases, était moins brillant qu'aujourd'hui, de 25 à 30 %, pense-t-on. En fin de compte, il fallait une assez forte teneur en constituants retenant le rayonnement propre de la planète pour maintenir l'eau à l'état liquide.

Il semble donc tout à fait fondé de considérer que cette ère a représenté pour Mars une phase très singulière, du point de vue des conditions globales de son environnement et des effets qu'elles ont pu avoir sur l'évolution ultérieure. S'il y eut dans toute l'histoire de Mars une ère où l'eau liquide a pu jouer un rôle majeur, c'est très vraisemblablement celle-là. Comme elle est caractérisée par la présence d'argiles hydratées – en fait de phyllosilicates –, nous avons proposé de lui donner le nom de *Phyllosien*.

Combien de temps cette ère a-t-elle duré ? Une réponse définitive n'est évidemment pas possible tant que des échantillons n'auront pas été prélevés, rapportés sur Terre et datés précisément. Le fait qu'on ne les trouve que sur des terrains fortement cratérisés donne une fenêtre temporelle, celle du bombardement primordial. Le phyllosien s'est-il étendu tout au long de celui-ci, ce qui signifierait qu'il serait strictement superposable au Noachien ?

Le fait que des argiles sont observées dans de très nombreuses zones de petites dimensions, à travers toute la croûte, fait penser que l'eau était présente à grande échelle : elle recouvrait peut-être même toute la croûte, affectée de manière identique par l'altération. Cette phase se déroulait alors même que Mars était bombardée. Ce bêchage permanent apportait en surface du matériau nouveau transformé à son tour en argile. La couche a pu progressivement atteindre plusieurs centaines de mètres d'épaisseur, ce que nous avons observé dans Mawrth Vallis. Comme nous l'avons constaté dans de nombreux endroits, en particulier dans Syrtis Major, les impacts non seulement n'ont pas détruit les argiles, mais ils en ont peut-être même favorisé la synthèse, en particulier en apportant de l'énergie. Seuls, les impacts ne sont toutefois pas suffisants : on ne trouve pas d'argiles sur la Lune, pourtant également bombardée.

Si les conditions de formation des argiles avaient perduré pendant tout le bombardement, on devrait voir la croûte toujours couverte de ces produits d'altération ; or, tout au contraire, on l'observe surtout constituée de roches magmatiques, les argiles n'étant détectées que dans des sites de très petites dimensions. Leurs conditions de formation ont donc probablement disparu avant la fin du bombardement primordial.

La dernière phase du bombardement a donc eu lieu alors que les conditions de stabilité de l'eau s'étaient dissipées. Il a poursuivi le retournement du sol et projeté en surface du matériau profond, provenant de la croûte non altérée, sans en modifier la composition. La croûte a progressivement recouvert l'essentiel des argiles : c'est bien ce qu'on observe à présent.

Si ce bêchage en profondeur constitue l'effet majeur du bombardement tardif, il peut, même en l'absence d'eau liquide à la surface, avoir poursuivi, localement, l'altération des minéraux, en particulier des argiles elles-mêmes, et augmenté la diversité de leur composition. Les impacts, par leur énergie et l'apport d'ingrédients, ont certainement favorisé les réactions chimiques et modifié la minéralogie des zones touchées.

Il reste que l'essentiel de la formation des argiles s'est produit avant cette phase ultime de bombardement. Tout indique que, sur Mars, la disparition des conditions de stabilité de l'eau a eu lieu bien avant l'arrêt du bombardement. C'est une différence fondamentale avec la Terre où, comme l'indique, on l'a vu, l'analyse de cristaux de zircons très anciens, l'eau semble être restée stable depuis plus de 4,1 milliards d'années.

Le Phyllosien, ère de stabilité de l'eau liquide à la surface de Mars, n'a donc vraisemblablement pas duré tout au long du Noachien qui correspond à l'*ensemble* du bombardement primordial. Quand sur Mars le Phyllosien s'est éteint, parce que l'eau liquide a cessé d'être stable à la surface, une partie de celle-ci s'est évaporée, et le reste a pénétré dans le sol, pour y geler sous forme de permafrost.

Si Mars a connu une époque d'habitabilité, c'est au Phyllosien qu'il faut la chercher.

Ce qui est remarquable, c'est qu'il existe aujourd'hui encore des terrains ayant conservé la mémoire de cette ère très ancienne dans l'histoire de Mars. Ce sont les sites où sont détectées des argiles. Si l'on en observe encore à la surface de Mars, cela provient soit du fait qu'ils ont été épargnés et non recouverts lors de la fin du bombardement, soit qu'ils ont été exhumés et exposés en surface ultérieurement par des processus d'érosion : cette dernière éventualité semble être le cas le plus fréquent.

Par l'analyse des terrains martiens riches en argiles hydratées, on accède à une ère peut-être capitale dans l'histoire de Mars, celle de son habitabilité éventuelle. C'est peut-être également celle où, sur Terre, la vie a émergé. Le fait qu'on n'a pas trouvé de fossiles terrestres de plus de 3,8 milliards d'années environ ne signifie pas nécessairement qu'il n'y ait pas eu d'espèces vivantes auparavant ; il traduit peut-être avant tout cette réalité que, sur Terre, l'activité géologique en a effacé l'essentiel des traces. Ce faisant, elle rend d'autant plus compliqué le déchiffrage des conditions d'apparition du vivant. En ayant préservé des terrains *phyllosiens*, Mars nous fournit une possibilité tout à fait unique d'étudier les conditions qui perduraient quelques centaines de millions d'années après que les planètes ont été formées, avant même que le bombardement primordial ait cessé, époque à laquelle, en tout cas sur Terre, la vie a peut-être émergé.

Sur Terre, la première des grandes périodes est l'*Hadéen*, nommée par référence aux Enfers (dont Hades était le Dieu), par nature inhospitaliers. Lui a succédé l'*Archéen* (le commencement, la source, en grec), généralement défini par la naissance du monde vivant. La transition est mal datée, bien entendu, mais le plus souvent un âge voisin de 3,8 à 4 milliards d'années lui est attribué. Il correspond à la fois à celui des fossiles les plus anciens que l'on ait trouvés à ce jour, à celui des roches terrestres les plus anciennes et à la fin du bombardement primordial : celui-ci a toujours été considéré comme létal par nature, stérilisateur ; son arrêt était nécessaire à l'émergence de la vie.

Une autre conception est peut-être plus exacte. À l'issue de la première phase de collisions et d'accrétion planétaire, qui a vu un impact géant frapper le Terre et former la Lune, les nouvelles conditions atmosphériques ont permis à de grandes quantités d'eau de recouvrir la surface à l'état liquide, dans des conditions de stabilité : les océans terrestres sont apparus et avec eux l'habitabilité de la Terre. Les zircons les plus anciens nous indiquent que cela se serait passé il y a plus de 4,1 milliards d'années, c'est-à-dire avant la seconde phase de bombardement tardif. Celle-ci, malgré la violence des impacts, n'aurait fait disparaître qu'une faible fraction des océans : l'habitabilité sur Terre n'aurait pas connu de discontinuité. Or on a retrouvé des fossiles montrant qu'à l'issue de ce bombardement, vers 3,5 à 3,8 milliards d'années, la Terre était non seulement habitable, mais habitée : ne l'était-elle pas déjà avant, peu de temps après que les océans ont été formés ? Dans ce cas, la transition entre l'Hadéen et l'Archéen serait bien plus précoce, antérieure à la dernière phase de bombardement qui aurait vu la vie se maintenir dans les océans.

Les océans auraient en effet pu favoriser le passage au vivant, par l'apport de composés organiques en surface ou au fond. En surface, il proviendrait de la chute de matière extraterrestre, noyaux cométaires et astéroïdes primitifs, dont on a vu qu'ils stockent des molécules organiques complexes vraisemblablement synthétisées lors de l'effondrement même du nuage protosolaire. Le fond des océans pourrait également avoir été le siège d'une chimie féconde. L'altération par l'eau des silicates du manteau encore chaud, et en premier lieu de l'olivine, libère, par leur *serpentinisation* – une transformation aqueuse de roches magmatiques en différents minéraux dont la serpentine – un mélange moléculaire riche en hydrogène H_2. Celui-ci réagit efficacement avec le gaz carbonique et l'azote dégazés par les fumerolles volcaniques pour former du méthane CH_4 et de l'ammoniac NH_3. Or des expériences de simulation en laboratoire indiquent que les réactions de synthèse moléculaire sont favorisées par un milieu réducteur plutôt qu'oxydant, précisément riche en CH_4 et NH_3 plutôt qu'en CO_2 et N_2. Dans cette seconde hypothèse, la vie aurait pris naissance au fond des océans, puis aurait migré vers la surface.

Pendant que sur Terre l'Hadéen laissait la place à l'Archéen, sur Mars fleurissait le Phyllosien. L'analyse de terrains martiens datant de cette ère nous donne accès à cette période, où la Terre devenait habitable, et dont la mémoire a disparu.

Les terrains caractérisés par la présence de sulfates, et non plus d'argiles, témoignent d'une tout autre ère martienne. Si l'on excepte les sulfates détectés dans la calotte polaire nord, de formation très récente, tous les autres, détectés dans les régions situées à l'est de Tharsis, dans Valles Marineris et dans Terra Meridiani, jusqu'à Aram Chaos, pourraient avoir une origine commune, ancienne mais postérieure à la formation des argiles : on les trouve dans des terrains très peu cratérisés.

L'intérêt de ces régions n'est pas qu'on y a trouvé du soufre, mais de grandes étendues de sulfates. Du soufre, il y en a partout à la surface de Mars, en quantités assez grandes, supérieures à ce que contiennent les roches du sous-sol. Toutes les sondes qui ont mesuré les abondances élémentaires l'ont observé, depuis Viking 1, Viking 2 et PathFinder. Pourtant, ces mesures ont été réalisées dans des sites extrêmement éloignés les uns des autres, et qui présentent de nombreuses différences géologiques. Le soufre ne semble donc pas provenir des roches sous-jacentes, qui n'en ont pas en abondance égale. Le plus probable est qu'il provient surtout du dégazage volcanique. Projetés à de très hautes altitudes, les gaz éjectés dans ces panaches, portés par des vents, se déplacent tout autour de la planète avant de retomber : ils enrichissent alors l'ensemble de la surface en proportions semblables. La construction de Tharsis constitue, on l'a vu, la plus importante activité volcanique qui s'est manifestée sur Mars ; elle est antérieure et de beaucoup supérieure en intensité à celle des volcans eux-mêmes. On a donc toutes les raisons de penser que le dégazage qui s'est produit, en même temps que les laves s'empilaient pour bâtir cet édifice gigantesque, a libéré la plus grande quantité de soufre dans l'atmosphère. Sous quelle forme se trouve-t-il ? À ce jour, on ne le sait pas avec certitude : les mesures de composition par spectrométrie X, qui sont à l'origine de ces détections, ne permettent pas de le déterminer.

Ce qui est nouveau dans les détections d'Opportunity et d'OMEGA, c'est donc qu'on a découvert non plus seulement du soufre mais des sulfates, dans certaines régions ; et, de plus, certains sulfates très spécifiques. Ils requièrent des conditions bien particulières. Leur détection indiquerait donc non pas les lieux où le soufre s'est concentré, mais ceux où celui-ci a été transformé, c'est-à-dire où de grandes quantités d'eau ont été charriées.

Cette activité peut très bien s'être manifestée de manière sporadique, voire catastrophique, en une succession d'épisodes transitoires : rien n'impose en effet qu'elle résulte d'une situation continue et permanente, d'écoulements selon un cycle entretenu d'évaporations suivies de précipitations. On peut former des sels avec de l'eau même si celle-ci ne se trouve pas en permanence à l'état liquide, ni dans des conditions de stabilité.

Le contexte géologique de ces terrains indique que ces processus se sont produits à une époque elle-même bien particulière, limitée et ciblée dans le temps. Pour situer l'ère de formation des sulfates, l'indicateur principal en est la situation des sites par rapport au dôme de Tharsis. Par sa masse appuyant sur la lithosphère, de nombreux effets se sont manifestés : l'ouverture du réseau de failles et de dépressions de Valles Marineris en est la plus spectaculaire. Du point de vue énergétique, la montée du magma s'est accompagnée de celle, sporadique, de grandes quantités de chaleur dans un *front géothermique* : une partie de l'eau qui, à la fin du Phyllosien, était passée dans le sous-sol et y avait gelé, a pu y être réchauffée et remontée, puis projetée à l'état liquide vers la surface, provoquant éventuellement de véritables inondations. Pour autant, l'atmosphère était trop ténue pour garantir la stabilité de l'eau : en s'évaporant, elle a laissé s'accumuler d'épais dépôts de sulfates. Ceux-ci résulteraient donc plus vraisemblablement d'événements catastrophiques.

Au total, la détection des sulfates caractérise une ère spécifique de l'histoire de Mars. Elle a succédé au Phyllosien et bénéficie de l'apport de soufre des premières activités volcaniques, dont la formation de Tharsis est le principal résultat, suivie d'apports massifs d'eau liquide par remontées géothermiques. Dans le prolongement de ce que nous avons fait pour le Phyllosien, dont le nom dérive de celui des phyllosilicates, minéraux qui y ont été synthétisés, nous avons choisi de donner à l'ère de formation des sulfates celui de *Theiikien*, en référence à *theiikos*, qui en grec signifie sulfate.

Le Theiikien est l'ère caractérisée par la remontée en surface, dans des régions très localisées, de nappes d'eau liquide. Toutefois, les conditions atmosphériques ont rendu cette eau instable : elle n'a pas alimenté de réservoirs pérennes, tels que des lacs, des mers ou des océans. Tout en s'évaporant, elle a néanmoins cimenté de hauts monticules de sulfates.

Le Theiikien n'a pas duré bien longtemps : rapidement, les réserves de permafrost auprès des sources géothermiques se sont épuisées. Lui a succédé l'ère qui perdure jusqu'à ce jour. L'atmosphère y est restée très ténue comme à l'heure actuelle. Elle est responsable de l'altération très superficielle de la surface de la planète : une très lente oxydation forme des grains d'oxydes ferriques anhydres, ceux-là mêmes qui sont responsables du rougissement progressif superficiel. Nous avons donc naturellement choisi de qualifier cette ère *Sidérikien*, en référence au nom de ces oxydes ferriques, *siderikos* en grec. Cette ère est essentiellement marquée par un grand calme : peu d'événements se produisent depuis plusieurs milliards d'années. Le climat, à grande échelle, est resté froid et sec. Mars est un désert aride, où l'eau ne peut plus demeurer liquide bien longtemps.

À l'intense bombardement primordial a succédé celui des météorites, fragments d'objets issus de la ceinture des astéroïdes et des comètes : il a marqué tout le Sidérikien jusqu'à présent. Ces grains de taille très faible produisent un bêchage léger mais incessant, pulvérisant progressivement toute la surface, qui se trouve constituée d'une couche de débris, à l'image du régolite lunaire. Toutefois, l'existence d'une atmosphère, même raréfiée, permet à des vents de soulever la poussière, nettoyant des roches en de nombreux endroits et accumulant des dunes en d'autres.

Comme pour la Terre, il s'est aussi produit, durant toute cette période, des impacts d'objets de grandes dimensions, jusqu'à des tailles kilométriques. Toutefois, en l'absence d'une atmosphère dense, ils n'ont pas produit de changements climatiques globaux. Ils ont pu toutefois avoir des effets locaux.

À cette échelle, ce sont surtout des éruptions volcaniques qui ont marqué l'histoire du Sidérikien. Même si l'essentiel du volcanisme, avec la formation de Tharsis et le remplissage des plaines du Nord, est antérieur, il a été régulier, avec une certaine récurrence, les épanchements s'espaçant de centaines de millions d'années. C'est ce qui ressort de leur datation par comptage et mesure des cratères d'impacts. Toutefois, le fait qu'on observe, dans la plupart des caldeiras volcaniques (ces entonnoirs d'où sortent les laves) les différents épanchements, sans que les plus récents ne recouvrent les plus anciens, atteste que le volcanisme martien ne s'est déclenché qu'un petit nombre de fois, et d'une manière limitée.

Impacts et éruptions, couplés aux changements d'obliquité, ont parsemé l'histoire de Mars d'événements qui, à l'échelle régionale, ont profondément marqué le paysage. Cela se voit en particulier à toute une série de structures de type glaciaire dans des endroits dont rien, aujourd'hui, n'indique qu'ils étaient propices à la formation de glaciers (voir Figure 20, page 158). Des reliefs, tels que des flancs de volcan ou des remparts de cratère d'impact jusqu'aux latitudes équatoriales, ont en effet été recouverts de glace. La vapeur d'eau, sublimée des pôles, s'y serait condensée lors de périodes de plus forte obliquité où ces reliefs sont devenus de véritables puits cryogéniques. D'autres processus peuvent avoir existé, comme la remontée de glace souterraine, propulsée, liquide, vers la surface par la montée du front thermique qui accompagne les éruptions magmatiques. La trop faible pression atmosphérique aurait empêché qu'elle se transforme en étendue lacustre pérenne. Des glaciers régionaux ont donc pu se former. À la suite d'une éruption volcanique, d'un impact ou d'un changement brutal d'obliquité, ces masses glaciaires ont pu d'un coup devenir instables là où elles s'étaient concentrées. La disparition des glaciers aurait donné lieu à des structures d'érosion très particulières et très reconnaissables.

C'est précisément dans les régions prévues pour favoriser le piégeage de glace par les modèles de circulation atmosphérique à différentes obliquités que des structures typiques de phénomènes glaciaires sont observées. Elles apparaissent sur les images à haute résolution, souvent en stéréoscopie, obtenues depuis l'orbite martienne par la caméra HRSC de Mars Express. En revanche, ces structures ne se distinguent pas par une composition minéralogique spécifique provenant d'une altération aqueuse. Cela traduit vraisemblablement le caractère sporadique et très limité dans le temps de ces événements.

Les glaciers martiens ont donc subi de multiples évolutions au cours de l'histoire : ce ne sont donc pas des structures *primitives* ayant conservé la mémoire des ères les plus anciennes. Comme on l'a vu, c'est tout au contraire dans certains minéraux qu'il faut rechercher celle-ci.

En plus des sites de piégeage préférentiels de glace, la surface de Mars se couvre l'hiver, jusqu'à d'assez faibles latitudes, d'une très fine couche de givre (voir Figure 2, page 36), dont l'épaisseur ne dépasse pas quelques centièmes de millimètres, sauf près des pôles. Au printemps, l'essentiel de ce givre se sublime en vapeur atmosphérique. Une faible fraction peut néanmoins s'infiltrer dans le sol. Sur des périodes de millions, voire de milliards d'années, il peut diffuser jusqu'à des dizaines de mètres de profondeur, rendant le sous-sol proche hydraté. Cela pourrait expliquer que des cratères très récents, observés par la caméra HIRISE sur MRO, apparaissent brillants pendant quelques mois : le givre, projeté en surface par l'impact, se sublime ensuite rapidement au Soleil.

Enfin, comme on l'a vu, ce qui caractérise le Sidérikien, c'est la lente oxydation ferrique qui, du point de vue de l'altération minéralogique, constitue le processus dominant : inexorablement, Mars rougit. D'ici quelques milliards d'années, tous les terrains, y compris ceux de plus haute altitude, seront recouverts d'une couche d'oxyde au moins micrométrique quasi continue. Mars alors sera réellement une planète rouge.

Le changement climatique global
de Mars

Les sulfates détectés par Opportunity et OMEGA se forment en milieu acide, voire très acide. Les conditions avaient donc considérablement changé depuis l'époque où l'altération du sol avait donné naissance aux argiles qui, elles, requièrent un environnement neutre, voire basique. D'autres observations semblent attester qu'entre le Phyllosien et le Theiikien, un *changement climatique global* s'est produit.

Le climat à la surface d'une planète est une fonction complexe de nombreux facteurs, dont la distance au Soleil n'est qu'un paramètre. En particulier, la température moyenne, à basse altitude, dépend avant tout de la composition de l'atmosphère. C'est elle qui détermine la capacité de retenir l'énergie provenant du rayonnement de la planète, c'est-à-dire de limiter son refroidissement. L'existence en quantités suffisantes de tels gaz à effet de serre joue le rôle principal. Sur Terre, cet effet produit une élévation moyenne de plus de 30 °C de la température près de la surface : il permet à l'eau de ne pas geler et de rester liquide. De la même manière, dans la mesure où le Phyllosien a bien constitué une ère de stabilité de l'eau liquide sur Mars, il fallait des propriétés particulières de son atmosphère pour que cela ait été possible.

Si Mars a jamais été habitable, c'est très vraisemblablement durant cette ère. Un changement climatique global y aurait mis fin. Comprendre les processus en cause, et les raisons qu'ils s'y soient produits et non sur Terre où l'eau est demeurée un ingrédient majeur jusqu'à aujourd'hui, fait l'objet de recherches actuelles. Pour alimenter cette démarche, essayons de rassembler les indices de changement entre ces deux ères, en distinguant les facteurs exogènes des facteurs endogènes.

Qu'en est-il tout d'abord des facteurs exogènes ? Y a-t-il eu une variation brutale d'au moins l'un des phénomènes jouant un rôle déterminant dans la régulation du climat de Mars ? Le principal processus auquel Mars a été exposée, comme la Lune, la Terre et l'ensemble des autres planètes, est l'intense bombardement primordial ; il s'est étalé sur des centaines de millions d'années. Dans quelle mesure les impacts peuvent-ils contribuer au climat et les changements du taux de bombardement influer sur les changements climatiques ?

Pour permettre à l'eau de demeurer liquide, il faut une pression et une température suffisantes. Les impacts peuvent *a priori* contribuer au climat, en faisant varier la quantité globale de molécules dans l'atmosphère, donc la pression, et de celles produisant un effet de serre important, comme la vapeur d'eau, le gaz carbonique ou le méthane. Par l'énergie au moment du choc, ils réduisent d'importantes quantités de roche en atomes et molécules, et les éjectent dans l'espace. Leur destin dépend de la vitesse qu'ils acquièrent, laquelle dépend de leur masse : les plus légers sont les plus rapides. Ce qui compte, c'est le rapport de leur vitesse à celle, dite « de libération », qui permet à une espèce de ne plus être retenue par la gravité de la planète et de pouvoir s'en échapper. Cette vitesse de libération est directement fonction de la masse de la planète. Pour la Lune, elle n'est que de 2,4 km/s, alors que, pour la Terre, elle atteint 11,2 km/s. Pour Mars, elle a une valeur intermédiaire, de 5 km/s. Des impacts équivalents n'ont donc pas eu le même effet sur ces trois astres, en particulier sur la Terre et sur Mars : beaucoup plus de molécules ont pu s'échapper de celle-ci que de celle-là. Un impact géant a donc pu éjecter une grande partie de l'atmosphère de Mars, qui depuis serait restée très peu dense, avec une pression de quelques centaines, voire de quelques dizaines de millibars seulement.

Il reste qu'entre l'ère de formation des argiles et celle où des sulfates se sont déposés l'atmosphère a subi un changement majeur. L'épisode de bombardement tardif peut-il en être responsable ? Les grands bassins, comme Hellas, Argyre ou Isidis, semblent dater d'un tel événement tardif ; ce serait également le cas de l'essentiel des impacts responsables des cratères qu'on observe, car il y en a toujours beaucoup plus de petites que de grandes dimensions. On pourrait concevoir que cette phase de bombardement ait chassé une partie de l'atmosphère, au point de diminuer la pression totale ou au moins la teneur en gaz à effet de serre en deçà du nécessaire pour maintenir l'eau liquide : elle serait la cause du changement climatique de Mars.

La minéralogie de la surface martienne, telle qu'on vient de la caractériser, peut toutefois faire douter de cette hypothèse ; elle tend à indiquer que, lors du bombardement tardif, l'atmosphère n'était guère plus dense qu'aujourd'hui. Elle avait pour l'essentiel déjà disparu. Si l'atmosphère était restée abondante alors que se poursuivait le bêchage du sol par les impacts, elle aurait permis, grâce à des composés tels que H_2O_2, d'oxyder progressivement la pellicule de surface. Mars se serait trouvée entièrement recouverte d'oxydes ferriques et rougeâtres, en particulier pour ce qui est des plateaux cratérisés, ce qui n'est pas le cas.

Si la cause du changement climatique n'est pas exogène, quels sont les facteurs propres à Mars qui pourraient l'expliquer ? Le principal réside dans l'évolution du champ magnétique. Pour la Terre, l'existence d'un champ magnétique intrinsèque a été mise en évidence bien avant que son origine n'ait été établie : depuis des siècles on sait que la boussole indique la direction d'un pôle nord magnétique. La source de ce magnétisme n'a été identifiée que beaucoup plus récemment, lorsque, il y a quelques décennies seulement, la structure interne de la Terre a commencé à être identifiée.

Un grand nombre de phénomènes, dont les tremblements de terre, engendrent des ondes qui se propagent à l'intérieur de la Terre. Lorsque celles-ci rencontrent des changements brutaux de propriétés du milieu dans lequel elles se déplacent, elles changent de direction, ou même se réfléchissent, comme la lumière lorsqu'elle arrive à la surface séparant deux milieux d'indice différents, tels que l'air et l'eau. En mesurant à divers endroits de la surface terrestre les écarts temporels de réception d'une onde générée par un même événement, on peut reconstituer son parcours et déterminer la géométrie des surfaces qui ont dévié sa trajectoire, et les propriétés, solide ou liquide, des milieux qu'elle a traversés. C'est ainsi que les mesures *sismologiques* ont mis en évidence plusieurs couches dans la Terre, constituant son noyau, son manteau et sa croûte.

La température et la pression augmentent au fur et à mesure qu'on pénètre plus profondément dans la Terre. Sous la croûte lithosphérique, le manteau est un magma visqueux. En dessous, sur un rayon de près de 3 000 kilomètres, s'étend un immense noyau, essentiellement métallique, dont la partie externe est liquide. Son mouvement est à l'origine d'un champ magnétique global, dont l'existence renvoie donc directement aux propriétés qui règnent dans les couches profondes ; son étude permet de les caractériser. C'est pourquoi, parmi les observations qu'on souhaite effectuer en orbite autour d'un objet planétaire, la mesure du champ magnétique est toujours un objectif majeur. Pour Mars, c'est la mission Mars Global Surveyor lancée par la NASA en 1996 qui en a fourni une description précise.

Son magnétomètre n'a pas détecté de *champ magnétique martien global* : Mars n'abrite pas de dynamo. Plus exactement, elle n'en abrite plus ; car cet instrument a montré qu'autrefois Mars possédait un très fort champ magnétique. Cette découverte majeure a pu être faite dans les toutes premières phases de la mission, alors que la sonde effectuait des survols à basse altitude, lors du *freinage atmosphérique*.

Lorsqu'on souhaite maintenir une sonde en orbite pour effectuer des mesures sur de longues périodes, des mois, voire des années, on s'assure qu'elle reste à une altitude suffisante pour ne pas subir de frottement atmosphérique. Pour Mars, cela correspond typiquement à des altitudes supérieures à 250 kilomètres. Comme toutes les sondes de la NASA, MGS avait pour objectif de demeurer sur une telle orbite circulaire pour y effectuer ses observations. Afin d'y parvenir de la Terre, il faut considérablement freiner la sonde, sans quoi elle poursuivrait inexorablement sa croisière interplanétaire autour du Soleil. Cette capture la met sur une orbite excentrique qu'il faut ensuite circulariser, ce qui réclame un nouveau freinage. Pour éviter que celui-ci ne soit fait à l'aide de moteurs, qui requièrent d'embarquer beaucoup de carburant, l'une des possibilités est de freiner la sonde en utilisant l'atmosphère de Mars elle-même : par frottement dans le gaz, elle peut perdre son excédent d'énergie cinétique. Cette technique présente un gain d'efficacité considérable, car ce sont plusieurs centaines de kilogrammes qui sont ainsi récupérés. En revanche, elle requiert une maîtrise précise. Si l'on s'approche trop près de la planète, les frottements peuvent devenir trop forts et l'échauffement trop élevé, la sonde peut plonger et s'écraser au sol. Si l'on passe trop loin, le freinage n'est pas suffisant, et l'on ne parvient pas à se mettre sur l'orbite choisie.

La NASA utilise systématiquement cette technique pour ses missions martiennes orbitales. Elle met la sonde sur une orbite fortement elliptique, avec une distance minimale d'approche très basse, de moins de 200 kilomètres d'altitude. À chaque passage, le freinage réduit l'excentricité de l'orbite, qui tend à devenir circulaire. Pour réduire les risques inhérents à cette technique, on opère très progressivement, avec des freinages limités : cela peut prendre des mois avant que l'orbite de travail finale soit atteinte. Outre les gains de masse importants, cela présente un intérêt scientifique important : pendant toute cette phase, la sonde est amenée à s'approcher beaucoup plus près de la planète que sur son orbite finale, puisqu'on cherche à passer dans l'atmosphère pour freiner, alors qu'ensuite, tout au contraire, on veut éviter tout frottement.

C'est dans cette phase de freinage atmosphérique que le magnétomètre a découvert, au-dessus de certaines régions qu'il a ainsi survolées à suffisamment basse altitude, que les roches y étaient magnétisées. Il s'agit non pas d'un magnétisme global, qui prendrait sa source dans le noyau de la planète, mais d'un magnétisme limité aux roches de surface, dans les premières dizaines de kilomètres de la croûte martienne. On dispose ainsi d'une carte du magnétisme à la surface de Mars (voir Figure 3, page 37).

Ce qu'on y observe, c'est que le magnétisme est limité à des régions très particulières : celles des terrains anciens, fortement cratérisés. On ne l'observe ni dans les plaines du Nord comblées de lave volcanique, ni au fond des bassins géants comme Hellas ou Argyre, ni sur les pentes des volcans et du dôme de Tharsis.

Comment des roches deviennent-elles et restent-elles magnétiques ? Les matériaux qui contiennent du fer peuvent avoir des comportements magnétiques différents. La plupart, plongés dans un champ magnétique, deviennent magnétiques eux-mêmes. Les matériaux *ferromagnétiques* sont ceux qui, lorsque le champ extérieur disparaît, conservent les propriétés acquises en sa présence. Il faut toutefois que leur température reste faible : chauffés au-dessus d'une valeur critique, ils se démagnétisent. Cette température, dite « de Curie », dépend de leur composition exacte ; elle est de quelques centaines de degrés. Lorsqu'en se refroidissant ils passent par cette température dans un champ magnétique, ils acquièrent et figent les caractéristiques, en orientation et en intensité, de ce champ. Ils les conservent même s'il disparaît. Lorsqu'un magma se forme, la température est bien supérieure à la valeur de Curie des minéraux, et toutes les roches sont démagnétisées. Lorsqu'elles recristallisent, en refroidissant, elles acquièrent un *magnétisme rémanent* si la planète possède un champ magnétique.

Le fait que les roches de la croûte martienne se présentent ainsi démontre que la cristallisation s'est opérée alors que la dynamo martienne était active. En revanche, l'absence de magnétisme rémanent dans les terrains volcaniques, qu'il s'agisse de Tharsis ou des plaines du Nord, est une indication que la cristallisation des roches de surface, quand les laves se sont refroidies, s'est opérée alors que le champ magnétique de Mars avait déjà vraisemblablement disparu. De la même manière, l'absence de magnétisme dans les bassins serait le signe que les impacts qui les ont créés sont survenus après que le magnétisme avait disparu : lors d'un impact, les roches sont échauffées bien au-delà de leur température de Curie. En se refroidissant, elles auraient enregistré le champ magnétique de Mars s'il avait existé.

La détection de magnétisme rémanent dans les régions les plus anciennes de Mars donne donc une double indication : Mars avait un champ magnétique global peu après sa formation ; la dynamo s'est arrêtée assez rapidement, en tout cas avant que ne se mette en place le volcanisme majeur qui a construit Tharsis puis les volcans géants, et avant le bombardement tardif qui a formé les grands bassins.

Le fait que les argiles hydratées sont observées précisément dans les terrains anciens, cratérisés, peut-il être lié à l'existence, à cette même époque, d'un champ magnétique ? Peut-il y avoir une relation entre la présence d'un champ magnétique et la stabilité d'eau liquide à la surface de Mars ? La réponse à cette question nous fait aborder un domaine plus spéculatif, mais qui mérite néanmoins d'être exploré, car elle ouvre une piste peut-être féconde pour rendre compte de la diversité planétaire actuelle.

Lorsqu'une planète possède une dynamo magnétique, celle-ci construit du même coup un véritable bouclier qui la met à l'abri des particules solaires. C'est le cas de la Terre. Le Soleil possède une atmosphère, sa *couronne*, chauffée à plus de 1 million de degrés. À une telle température, elle ne peut demeurer statique autour du Soleil, elle trouve son équilibre dans un état dynamique d'expansion continuelle, sous forme de *vent solaire*. Parce qu'il provient d'un gaz porté à très haute température, ce vent est totalement ionisé : l'hydrogène et l'hélium, dominants, ne s'y trouvent pas sous forme d'atomes, mais de protons, d'électrons et de noyaux d'hélium. Ce vent se propage à plusieurs centaines de kilomètres par seconde dans toute la cavité solaire ; ses particules remplissent le milieu interplanétaire. Toutefois, parce qu'elles sont chargées, ces particules sont fortement déviées par un champ magnétique : ainsi, elles ne parviennent pas jusqu'à la surface de la Terre, alors qu'elles frappent de plein fouet celle de la Lune et des astéroïdes, et effleurent celle de Mercure.

Le vent solaire actuel ne constitue pas un flux de particules très intense. Son effet sur notre atmosphère est limité, même s'il modifie la forme des lignes du champ magnétique terrestre, comprimées vers l'avant et repoussées en une queue magnétique vers l'arrière. Le Soleil peut malgré tout jouer un rôle climatique, notamment lorsque son activité varie, avec des poussées violentes qui modifient la structure de la haute atmosphère. Notre connaissance de ces phénomènes reste toutefois assez embryonnaire ; elle fait l'objet de recherches intenses.

Tout autre semble avoir été la situation du Soleil lorsqu'il était encore jeune. On ne possède pas de témoignage direct de ce qu'il pouvait être : c'est à la fois par des modélisations théoriques et par l'observation d'autres étoiles, similaires, pense-t-on, au Soleil jeune, qu'on tente de reconstruire ses propriétés dans ses premières centaines de millions d'années. Ce qui se dessine alors, c'est une étoile qui diffère sensiblement de ce qu'elle est aujourd'hui. Sa luminosité, qui mesure la quantité totale d'énergie qu'il rayonne, était plus faible de plus d'un quart de sa valeur actuelle. En conséquence, c'était une source de chaleur bien moindre : à distance égale, il faisait beaucoup plus froid qu'aujourd'hui. En revanche, le jeune Soleil constituait un émetteur de rayonnement ultraviolet et X considérablement plus intense : son pouvoir d'ionisation des atmosphères planétaires était potentiellement beaucoup plus grand. Enfin, le vent solaire primordial était de vitesse et d'intensité nettement plus importantes. Au total, ces derniers effets pouvaient avoir un effet catastrophique sur les atmosphères planétaires : sans bouclier magnétique protecteur, elles pouvaient être soufflées par le Soleil.

Tant que sa dynamo était en marche, Mars pouvait maintenir une atmosphère suffisamment dense pour préserver, grâce à ses gaz à effet de serre et malgré la faible luminosité solaire, de l'eau liquide à sa surface. En revanche, dès que la dynamo s'est affaiblie, et avec elle le bouclier magnétique, elle a dû perdre une grande partie de son atmosphère. L'une des conséquences en a été la disparition des conditions de stabilité de l'eau liquide. Le changement climatique global pourrait donc être lié à l'affaiblissement, puis à l'arrêt de la dynamo magnétique de Mars. Pour une planète, le maintien d'une activité magnétique pendant plusieurs centaines de millions d'années peut donc constituer un facteur déterminant de sa capacité à demeurer une planète habitable.

Par analogie avec la Terre, pour qu'une planète développe une activité magnétique, il faut qu'elle possède un noyau métallique en partie liquide. Ses réserves énergétiques doivent donc avoir été suffisantes pour produire une différenciation, avec précipitation d'un noyau dont une partie est demeurée liquide. Mais cela ne suffit pas : il faut en outre que dans celle-ci soient entretenus des mouvements de *convection* engendrant des courants turbulents suffisamment intenses. Cela suppose qu'il y ait, dans les parties extérieures du noyau liquide, des zones froides qui tombent vers l'intérieur, tandis que du matériau profond, chaud, monte vers l'extérieur, entretenant un cycle permanent. La convection du noyau exige donc le refroidissement de sa partie externe, qui dépend par conséquent de ce qui se passe à l'extérieur du noyau, c'est-à-dire au contact avec le manteau : celui-ci doit extraire efficacement l'énergie du noyau, ce qui exige que le manteau soit lui-même en mouvement de convection. Immobile, il ne peut pas transporter assez efficacement l'énergie du noyau vers la surface. C'est donc de la capacité du manteau à se maintenir dans un régime de convection que pourrait dépendre l'établissement d'une convection dans le noyau métallique liquide, engendrant un champ magnétique planétaire.

L'énergie gravitationnelle générée pendant l'accrétion suffit à créer un manteau convectif et un noyau liquide, siège de mouvements d'ensemble. Grâce à ces courants, Mars comme la Terre ont eu un champ magnétique global très tôt dans leur histoire. Une fois dissipée l'énergie d'accrétion, c'est la radioactivité qui prend le relais de la gravité en tant que source dans le manteau. Si la quantité globale d'éléments radioactifs n'est pas suffisante, la convection dans le manteau ralentit, et avec elle celle du noyau : la dynamo ne peut se maintenir. C'est peut-être ce qui a fait la différence entre Mars et la Terre. Avec l'arrêt de la dynamo, le bouclier magnétique s'est estompé, alors que les effets du Soleil étaient encore violents : Mars a pu voir l'essentiel de son atmosphère s'échapper dans l'espace. L'eau liquide n'a pas pu se maintenir en surface.

Le ralentissement de la convection dans le manteau a également induit des effets sur le manteau lui-même. La chute de matière froide jusqu'à l'interface du manteau et du noyau a pu y introduire des instabilités, créant des panaches ascendants : Tharsis pourrait en être un résultat. Comme il faut des dizaines de millions d'années au moins pour que ces laves atteignent la surface, Tharsis s'est érigé bien après que le champ magnétique a disparu. Cela expliquerait l'absence de magnétisme rémanent sur Tharsis et l'ensemble des édifices volcaniques.

Dans cette hypothèse, le dégazage intense qui a accompagné cette montée de laves s'est opéré alors que l'essentiel de l'atmosphère avait disparu. Les composés soufrés éjectés par le volcanisme, accompagnés de vapeur d'eau, ont pu être fortement oxydés par le rayonnement solaire. Ils ont donné naissance à des molécules d'acide sulfurique avant de retomber sur l'ensemble de la planète : l'environnement est devenu fortement acide, et du soufre a enrichi toute la surface de Mars. Les effusions de lave dans des régions très localisées, et tout particulièrement celles liées au volcanisme de Tharsis, se sont accompagnées de la montée de flux de chaleur importants. La glace, piégée dans le sous-sol à la fin du Phyllosien, lorsque le champ magnétique a disparu, a été projetée en surface sous forme d'afflux massifs d'eau liquide. Ils ont permis la formation de larges dépôts de sulfate dans ces zones soumises à une forte activité volcanique et tectonique, à partir des composés soufrés préalablement dégazés. Les plumes ascendantes depuis la base du manteau ont pu, localement dans l'espace et dans le temps, réactiver des boucles de courant dans le noyau liquide, ou des régions plus proches de la surface : quelques manifestations de magnétisme tardif pourraient en être le reflet, comme le volcan Appolinaris.

Une même cause permettrait donc de rendre compte de l'ensemble des observations : le tarissement des réserves radioactives dans le manteau y a entraîné le ralentissement de la convection puis celle du noyau, et donc l'arrêt de la dynamo. En l'absence de bouclier magnétique, l'essentiel de l'atmosphère a disparu, comme pulvérisée et soufflée dans l'espace par les particules solaires. Avec elle disparaissaient les conditions de stabilité de l'eau liquide à la surface de Mars. C'est la fin du Phyllosien, l'ère d'habitabilité potentielle de la planète. Un *changement climatique global* a été irréversiblement déclenché, caractérisé par une transition vers un environnement acide, une atmosphère très ténue, et un climat froid et sec.

Le Phyllosien a-t-il duré assez longtemps pour permettre au monde vivant de naître, de s'adapter et d'évoluer ? N'est-ce qu'une histoire de temps ? D'autres ingrédients, présents sur Terre, manquaient-ils sur Mars ? La minéralogie seule ne peut pas répondre à ces interrogations. Mais ce qu'elle nous apprend, c'est que, si des conditions d'habitabilité ont été réunies, c'est très vraisemblablement avant que Mars ait subi un changement climatique global ; il faut les rechercher dans des terrains datant du Phyllosien.

L'étape suivante consistera à explorer des sites de ces régions repérées par leurs argiles hydratées. Ensuite, il s'agira d'y recueillir des échantillons et les apporter sur Terre pour les analyser : c'est l'objectif du programme Mars Sample Return dont nous parlerons plus bas. En indiquant où aller, la minéralogie a balisé l'essentiel du chemin.

Mars a-t-elle été habitable ?

Trente ans après que les sondes Mariner puis Viking ont montré de Mars le visage d'une planète désertique et inhospitalière, la vision contemporaine de l'histoire de Mars est tout autre. Elle fait apparaître une ère, très ancienne, où Mars aurait pu héberger des conditions favorisant au moins l'un des ingrédients considérés comme vitaux, de l'eau liquide sur de longues périodes.

Les terrains correspondants ne se situent pas où les images indiquent qu'il faudrait les chercher ; ils ne sont pas liés directement aux structures d'écoulement qu'on observe en de nombreux endroits. C'est que ces dernières ne résultent pas nécessairement de processus entretenus, comme sur Terre où l'eau liquide est stable. Les écoulements terrestres participent à un cycle permanent d'évaporation et de condensation, avec des sources et des embouchures ; il suffit de les suivre pour accéder aux océans. C'est dans ceux-ci, structures permanentes, que la vie est née et s'est développée des milliards d'années durant. Sur Mars, de nombreux écoulements sont vraisemblablement survenus à une époque où l'eau n'était déjà plus stable à la surface. Ce sont des phénomènes transitoires ; en même temps qu'elle s'écoulait, l'eau s'évaporait ou pénétrait dans le sol sans alimenter un vaste océan. Ils ne permettent donc pas de localiser d'anciennes étendues pérennes. C'est pourquoi les missions *in situ* précédentes, qui ont exploré des sites dont l'intérêt avait été identifié par de telles structures, n'ont pas permis de mettre en évidence de vestiges d'une ère où l'eau aurait pu jouer un rôle sur de longues périodes, des milliers au moins, voire des millions d'années.

Paradoxalement, ce n'est ni dans les terrains de basse altitude constituant les plaines du Nord actuelles ni dans les sols rouges que l'on a le plus de chance de trouver les vestiges d'un océan ancien martien, mais dans ceux contenant des argiles hydratées. Il est remarquable que de tels terrains existent encore aujourd'hui à la surface de Mars. On le doit au fait que, finalement, Mars n'est pas une planète très active ; elle a préservé l'essentiel des enregistrements de son histoire passée.

La notion d'habitabilité est introduite, souvent comme objectif de recherche, par plusieurs disciplines scientifiques contemporaines, avant tout par ce qu'il est convenu d'appeler l'*exobiologie* ou l'*astrobiologie*. Par exemple, on définit fréquemment la zone d'habitabilité d'une étoile par la distance à laquelle une planète doit se trouver pour que l'eau puisse exister de manière stable à l'état liquide. Ce critère est assez réducteur. L'environnement thermique d'une planète est loin d'être seulement défini par le flux de rayonnement en provenance de l'étoile. L'abondance de gaz à effet de serre bloquant le rayonnement thermique de la planète a une contribution qui peut s'avérer supérieure : c'est en particulier le cas de la Terre. Or leur concentration, on l'a vu, peut dépendre avant tout de l'activité interne de la planète, qui contribue au recyclage des constituants piégés dans le sol. Et l'activité interne est contrôlée par les ressources énergétiques internes, telle la radioactivité de l'uranium, du thorium et du potassium, totalement indépendantes de la présence de l'étoile.

L'habitabilité pose d'autres questions. Est-il possible qu'un environnement soit « habitable », c'est-à-dire propice à l'émergence et à l'évolution du vivant sans que celles-ci ne se soient produites ? Comment peut-on savoir qu'il y a habitabilité s'il n'y a pas de vie ? Les conditions pour que la vie apparaisse peuvent-elles être remplies sans que la vie soit apparue ? Quelles sont ces conditions ? A-t-on raison de lier l'habitabilité à l'existence d'eau liquide ?

Sur Terre, la vie semble avoir émergé dans des océans et y être restée plusieurs milliards d'années pour des raisons fondamentales, explicitées plus haut : l'eau s'est avérée d'une grande efficacité et se trouve en abondance, tout au moins sous forme gazeuse et solide. La recherche de vie extraterrestre passe donc naturellement par celle de sites où l'eau a pu exister de manière stable sous sa forme liquide, sur des périodes suffisamment longues pour permettre à la vie non seulement d'émerger, mais aussi de s'adapter et d'évoluer. Mars semble, de loin, la planète la plus favorable à la présence d'eau liquide en surface : les minéraux hydratés que sont les argiles découvertes par OMEGA sont les meilleurs traceurs de cette ère et des lieux qui en ont préservé la mémoire.

À bord de la sonde Mars Reconnaissance Orbiter (MRO), lancée deux années après Mars Express, la NASA a embarqué l'instrument CRISM, dont les observations sont très similaires à celles d'OMEGA. Il s'agit d'un imageur spectral opérant dans un domaine de longueurs d'onde voisin, de 0,4 à 4 µm, avec toutefois une résolution au sol bien meilleure : il peut résoudre des détails d'une vingtaine de mètres. Bien entendu, les zones analysées sont elles-mêmes beaucoup plus petites, d'une dizaine de kilomètres, si bien qu'il faut connaître *a priori* les endroits intéressants à cibler : CRISM a d'abord choisi les régions où OMEGA a détecté des minéraux hydratés. La meilleure résolution de CRISM permet de caractériser le contexte géologique avec beaucoup plus de précision. De fait, les deux équipes instrumentales sont en très étroite coopération, ce qui favorise les opérations et les dépouillements couplés. Ce qui ressort de cette activité conjointe, c'est la confirmation des résultats obtenus par OMEGA, en particulier du rôle des argiles hydratées dans l'histoire de l'eau sur Mars.

Nous sommes ainsi dans une situation tout à fait inédite où, pour la première fois, des indices directs guident vers les sites potentiellement les plus prometteurs pour tester l'habitabilité passée de Mars. C'est là qu'il faudrait maintenant prolonger l'exploration au sol. C'est ce que devraient réaliser les deux missions en préparation, Mars Science Laboratory (MSL) de la NASA (voir Figure 21, page 159) et ExoMars de l'ESA (voir Figure 22, page 159). Toutes deux viennent d'être retardées à cause de difficultés techniques : MSL devrait être lancé en décembre 2011, et ExoMars en janvier 2016, peut-être en 2018. Elles constituent des missions d'intérêt exceptionnel. La NASA et l'ESA préparent chacune cette mission d'exploration *in situ* de Mars avec l'objectif clairement annoncé de chercher à savoir si cette planète a été habitable, voire si elle l'est encore. Cet énoncé n'est pas en lui-même bien nouveau : peu ou prou, toutes les missions passées avaient déjà cet objectif, à commencer par les Viking. En quoi celles-ci diffèrent-elles ?

L'instrumentation bien sûr a fait beaucoup de progrès. Le gain en sensibilité permet de caractériser des échantillons à l'échelle des grains individuels et d'y mettre en évidence des molécules qui ne sont présentes qu'en proportion infime. Toutefois, le progrès le plus important réside dans la connaissance récemment acquise de l'histoire de Mars, qui permet de sélectionner des sites à explorer beaucoup plus favorables pour y rechercher des traces d'habitabilité potentielle.

La NASA a mis en place un processus très efficace de sélection du site d'atterrissage de MSL. Toute la communauté intéressée a été invitée à participer à des réunions scientifiques et techniques totalement ouvertes, où chacun a pu présenter ses choix, proposer un ou plusieurs sites en argumentant ses critères et participer à la discussion générale. Une sélection assez large est d'abord sortie de la première réunion. Les sites sélectionnés ont alors fait l'objet de nouvelles observations par les sondes actuellement en orbite : Mars Express (de l'ESA) et surtout Mars Reconnaissance Orbiter (de la NASA). Leurs instruments à hautes résolutions permettent une caractérisation fine, capable de valider ou d'infirmer les critères proposés, et d'évaluer les risques de se poser sur chacun des sites. Trois réunions auront été nécessaires pour passer d'une cinquantaine de sites aux quatre finalement retenus, avant que la NASA ne fasse son choix définitif peu de temps avant le lancement, et peut-être même après, durant la croisière interplanétaire de la Terre vers Mars. Pour cette mission, c'est la première fois que les critères de composition ont pris une telle importance par rapport aux informations de contexte fournies par les images. La minéralogie est apparue très majoritairement comme devant conduire au choix ; six des sept sites qui demeuraient candidats à l'issue de la seconde réunion, en octobre 2007, l'avaient été parce que des phyllosilicates y avaient été identifiés par OMEGA, et leur présence confirmée par l'instrument CRISM sur la sonde MRO.

Nous avons participé à ce processus de sélection en insistant sur le fait que, jusqu'à présent, aucune sonde ne s'était posée dans des terrains datant du Phyllosien. On ne peut pas laisser passer cette chance d'explorer les sites les plus favorables pour atteindre cet objectif fixé depuis tant de temps : déterminer si Mars a connu des conditions d'émergence de la vie. Nous connaissons maintenant l'existence de régions qui, si ce fut le cas, devraient en conserver la trace ; on sait comment les identifier et où ils se trouvent : *go Phyllosian* !

Choisir un bon site, ce n'est pas seulement l'identifier du point de vue de son intérêt scientifique. C'est également s'assurer qu'il répond aux critères de sécurité pour s'y poser sans trop de risques. Ensuite, une fois au sol, il faut avoir la possibilité d'accéder aux bons échantillons. Or les dépôts d'argile sont de petites dimensions, il faut donc se poser au plus près d'une zone préalablement repérée : cela fait partie des contraintes les plus difficiles à maîtriser. Il y a toujours une incertitude sur la position exacte du point d'atterrissage, sa valeur dépend des techniques qu'on utilise : elle se mesure toujours en plusieurs dizaines de kilomètres, c'est-à-dire beaucoup plus qu'on ne peut raisonnablement espérer couvrir en se déplaçant à la surface, même pendant plusieurs mois, voire plusieurs années. PathFinder a parcouru des dizaines de mètres. Spirit et Opportunity avaient une excursion prévue de quelques centaines de mètres ; le fait que leur mission a été prolongée de cinq années leur a permis de parcourir plusieurs kilomètres. L'atterrissage de MSL va atteindre pour la première fois une précision d'une vingtaine de kilomètres ; cela constitue une performance remarquable, très supérieure à ce qu'on fait à ce jour. Une telle réduction de la dimension de la zone d'atterrissage (l'*ellipse d'incertitude*), couplée à l'augmentation des capacités de déplacement du rover, va, avec MSL, rendre ces deux grandeurs du même ordre de grandeur : MSL pourra explorer l'ensemble de son ellipse d'incertitude, car il pourra parcourir une vingtaine de kilomètres pendant ses deux années d'opération à la surface de Mars.

Parcourir plusieurs kilomètres demande en effet plusieurs années compte tenu des vitesses auxquelles il est raisonnable de se déplacer sans courir trop de risques. Il faut identifier les obstacles, les éviter, et surtout effectuer des mesures qui, elles-mêmes, peuvent demander des jours. Il faut monter et descendre des pentes assez fortes, passer sur des blocs rocheux de plusieurs dizaines de centimètres, se mouvoir dans ces terrains désertiques sans patiner, ni s'ensabler. Il y faut un engin très robuste et lui conserver cette robustesse des années, sans possibilité de procéder à des réparations autres que préprogrammées et télécommandées.

Prévoir pour la mission de base une distance de plus d'une dizaine de kilomètres est donc déjà un défi : MSL est conçu avec un tel objectif. Véhicule de plus de 600 kilos quand il sera sur Mars, doté de six roues motrices et orientables, il emportera plus de 50 kilos d'instruments. La NASA vise une durée de vie d'une année martienne au moins (près de deux années terrestres), avec donc la nécessité de passer l'hiver sur place et de ne pas s'arrêter de travailler pour autant. La principale difficulté à affronter est d'ordre énergétique. Faire fonctionner l'ensemble, le déplacer, maintenir une température acceptable à l'intérieur alors qu'à l'extérieur elle peut descendre, la nuit, au-dessous de − 100 °C, suppose d'importantes réserves énergétiques, même − et surtout − quand il n'y a pas de Soleil. C'est pourquoi la NASA a décidé d'utiliser pour cette mission non plus des panneaux solaires, mais des générateurs à base de plutonium radioactif : l'énergie dégagée par la désintégration est convertie à bord en partie en électricité, en partie en chaleur. Les principes technologiques de tels générateurs sont bien connus ; ce qui l'est beaucoup moins, c'est la maîtrise de systèmes à hautes performances qui optimisent les rendements et permettent de n'embarquer que des masses limitées d'éléments radioactifs : la NASA a développé, pour l'exploration martienne, ce savoir-faire, ce qui lui permet d'envisager de conduire avec succès une mission telle que MSL.

L'ESA, qui a marqué avec Mars Express son entrée dans le cercle très restreint des agences d'exploration spatiale planétaire, entend bien lui donner une suite. ExoMars est l'étape suivante. En ce qui concerne sa capacité à poser un système sur le sol de Mars, tout reste à faire. La seule expérience est celle de Beagle 2 ; on ne peut même pas tirer bénéfice de cet échec, car aucune donnée de ce qui n'a pas fonctionné n'a été recueillie. ExoMars est une mission extrêmement ambitieuse au niveau tant technologique que scientifique.

Certains des systèmes auront des performances inférieures à celles de MSL : ExoMars embarquera au mieux un véhicule de la taille de Spirit ou d'Opportunity, qu'il posera avec une technique limitant à une cinquantaine de kilomètres au mieux la précision du lieu d'atterrissage. Il utilisera des panneaux solaires comme source d'énergie, et sa durée de vie est de 90 jours. En revanche, il devrait disposer d'un système de carottage pour prélever des échantillons jusqu'à 2 mètres de profondeur. Surtout, il embarquera des instruments d'analyse entièrement nouveaux. C'est par eux que l'ESA devrait apporter sa contribution principale à l'exploration martienne. Comme pour MSL, l'objectif premier d'ExoMars est de chercher à savoir si Mars a connu des conditions d'habitabilité. Il s'agit donc de tenter de mettre en évidence des *bio-reliques*, vestiges, fossiles, de formes vivantes qui se seraient formées dans le passé. Mais son ambition est encore plus élevée. Certains considèrent en effet que, si des fossiles sont mis en évidence, alors la question pourrait se poser de l'existence, dans des sites privilégiés, de formes de vie qui seraient toujours en activité.

Chacun s'accorde pourtant à considérer que Mars a vu ses conditions globales considérablement évoluer, au point que sa surface est devenue fondamentalement inhospitalière. Non seulement les conditions de pression et de température ne permettent plus à l'eau d'être stable à l'état liquide, mais en outre l'atmosphère ne filtre plus le rayonnement solaire. Les ultraviolets très énergétiques, qui constituent sa partie de plus courtes longueurs d'onde, irradient le sol sans être bloqués, comme sur Terre, par l'ozone stratosphérique. Dans ces conditions, aucune activité moléculaire importante, *a fortiori* de type biochimique, n'est réellement concevable. Alors d'où vient que certains pensent que des formes de vie, si elles sont apparues, pourraient ne pas avoir complètement disparu ?

Cette perspective résulte des travaux de biologie récents montrant la capacité, pour certains organismes, de passer en mode dormant. C'est une généralisation de ce que Pasteur avait déjà conçu : l'existence et la transmission de spores est à l'origine de certaines maladies. Un organisme vivant exige des conditions spécifiques pour se maintenir et évoluer, comme la température, les propriétés oxydantes ou réductrices, ou le degré d'acidité du milieu. Hors ces conditions, deux possibilités s'offrent à lui : ou bien il s'adapte, ce qui réclame beaucoup de temps ; ou bien il meurt et disparaît, éventuellement en se fossilisant quand son environnement le permet. Dans certains cas, une troisième option peut s'offrir : celle de passer en mode dormant. C'est un mode où la réplication n'a pas lieu, mais toutes les fonctions vitales sont préservées. Si ensuite l'organisme retrouve des conditions favorables, la réplication redémarre, et la vie repart. Combien de temps une espèce peut-elle ainsi rester en mode dormant ? Sur ce point, les spécialistes sont loin d'être unanimes. Pour certains, il est nécessaire qu'elle soit alimentée en eau régulièrement. Pour d'autres, cela se mesure peut-être en dizaines, voire en centaines de millions d'années ! Bien entendu, il est nécessaire que, pendant ce temps, il soit protégé des agents qui auraient pu le détruire, comme des doses trop élevées de rayonnement ultraviolet ou de particules énergétiques du *rayonnement cosmique* provenant du Soleil ou même de la Galaxie. Se trouver bloqué dans un minéral en train de cristalliser, par exemple, peut être une bonne manière de se mettre à l'abri.

Supposons donc que la vie ait émergé sur Mars à l'époque très ancienne du Phyllosien où l'eau était vraisemblablement abondante. On pourrait en trouver la trace dans des fossiles détectés au sein d'argiles hydratées. Lorsque cette ère a cessé, l'eau s'est en partie infiltrée dans le sous-sol, où elle a gelé. On ne peut totalement exclure qu'alors certains des organismes aient accompagné l'eau dans ces ruissellements souterrains et trouvé refuge au sein d'une roche qui les aurait protégés des rayonnements létaux présents à la surface.

Pour que la vie ait pu se maintenir, il aurait fallu que ces organismes trouvent de l'eau, sous quelque forme que ce soit, au moins à quelques reprises au cours des quatre derniers milliards d'années. Se déplacer est concevable : cela peut se faire au gré d'un impact de météorite, éventuellement suivi d'un courant d'air. On sait que, malgré la très faible pression, même à présent de vraies tempêtes agitent la surface. Le problème n'est donc pas « comment y aller ? », mais « où aller ? » pour avoir quelque chance de trouver de l'eau liquide.

Jusqu'aux missions récentes, de nombreux scientifiques considéraient que l'eau se trouvait massivement piégée sous forme de glace souterraine. Si tel était le cas, de l'eau liquide pourrait se trouver au-dessous : c'est une particularité de la glace d'eau que de passer à l'état liquide quand on augmente la pression, sans même qu'il soit nécessaire d'augmenter la température. Un instrument spécifique, le radar MARSIS, capable de sonder le sous-sol jusqu'à plusieurs kilomètres de profondeur, a été développé et embarqué sur Mars Express pour localiser l'interface des étendues liquides qui seraient présentes au-dessous des glaces souterraines. La mission MRO qui a suivi a embarqué un radar similaire, SHARAD, pour effectuer le même type de sondage à plus faibles profondeurs : dans l'hypothèse où Marsis aurait détecté des eaux profondes subglaciaires, SHARAD en aurait suivi la trace en remontant vers la surface pour identifier les sites les moins profonds contenant de l'eau liquide : une mission ultérieure aurait alors pu envisager d'y procéder à un forage. L'espoir était qu'alors on accéderait à des nappes où, peut-être, des organismes, bloqués en mode dormant dans des roches pendant de longues années, y auraient été transportés. Là, dans de l'eau nourrie de sels minéraux, ils auraient retrouvé les conditions d'exercice de leurs fonctions vivantes ; ils se développeraient encore aujourd'hui. On aurait enfin atteint la possibilité d'analyser, directement, des formes de vie extraterrestre. Cela aurait justifié une mission habitée…

Habitabilités passée et présente sont donc intimement imbriquées : une fois né, le vivant peut s'avérer d'une robustesse étonnante. Quand bien même l'évolution de Mars aurait trop brutalement détruit les conditions d'habitabilité de surface, certains refuges pourraient avoir préservé des situations, sinon d'activité comme sur Terre où le vivant a conquis une très vaste biosphère, du moins de maintien des fonctions essentielles.

La réalité s'avère beaucoup plus complexe qu'on ne l'envisageait. Comme on l'a vu, MARSIS et SHARAD n'ont pas encore détecté de couches épaisses de glace souterraine ailleurs que dans les régions polaires, et en des régions très localisées ; aucune nappe d'eau qui lui serait sous-jacente n'a été identifiée. À nouveau, ne pas détecter ne signifie pas démontrer l'absence. Les radars sont très sensibles à des interfaces marquées, à des variations brutales de propriétés, comme le passage direct de glace au liquide. Tout au contraire, si la transition est graduelle, ils y sont insensibles. Peut-être le sous-sol martien est-il progressivement enrichi en glace mélangée à des roches, et, à mesure qu'on pénètre plus profondément, des poches de liquide deviennent de plus en plus grandes : ce type de profil de répartition serait très difficile à mettre en évidence par les instruments embarqués. On ne peut donc exclure que l'absence de détection provienne d'une configuration de ce type.

Toutefois, d'autres observations tendent à confirmer que le sous-sol de Mars ne contient plus de glace, ni *a fortiori* d'eau liquide. Par exemple, si le sous-sol contenait de la glace, on s'attendrait à ce que les impacts aient eu comme résultat de favoriser la synthèse de minéraux hydratés que l'on détecterait dans les éjectas. Une telle situation a prévalu tôt dans l'histoire de Mars, lorsque des argiles ont été formées alors que la surface était fortement bombardée : on en observe d'importantes quantités autour des cratères très anciens datant de cette période et dans certains de leurs pitons centraux. En revanche, on n'observe pas de minéral hydraté, ni argile ni autre, dans les éjectas plus récents.

À l'ère d'habitabilité éventuelle qu'a constitué le Phyllosien semble donc avoir succédé une époque de profonde aridité de Mars, y compris de son sous-sol. Si des formes vivantes sont apparues dans son histoire primitive, on ne sait trop où elles auraient pu survivre, et où en rechercher aujourd'hui la trace, fût-elle en mode dormant. La recherche de reliques de vie éteinte est peut-être concevable ; en revanche, aucune observation faite à ce jour ne sous-tend celle d'une vie active. MSL et ExoMars pourraient changer la donne.

Plus vraisemblablement, c'est au retour d'échantillons, par la mission Mars Sample Return (MSR), que cette quête pourra avancer de manière significative. L'exemple des analyses de météorites, de micrométéorites et des échantillons lunaires montre tout ce que peuvent apporter les analyses de laboratoire, en complément de celles effectuées dans l'espace avec des instruments embarqués : si féconde que soit l'ingéniosité des développeurs de ces instruments, les contraintes liées au fonctionnement dans l'espace, surtout en ce qui concerne leur masse, leur fiabilité et l'énergie disponible, limitent considérablement leurs performances quand on les compare à celles des instruments du même type dans les laboratoires terrestres. Pour certains, comme ceux, par exemple, qui font appel à des accélérateurs de particules, en développer des modèles opérant dans l'espace n'est même pas concevable, en tout cas à l'heure actuelle.

Disposer en laboratoires d'échantillons permet surtout de mettre en œuvre une approche expérimentale qu'il est très difficile, voire impossible, de réaliser robotiquement à distance. Le résultat d'une technique, dûment interprété, peut être utilisé pour élaborer une autre série d'analyses, le validant ou le réfutant ; on peut éventuellement recommencer une mesure, ou traiter l'échantillon avec une technique qu'on n'avait pas envisagée, adaptée à un résultat lui-même différent de ce qui avait été imaginé. Un résultat ambigu peut donner lieu à des analyses complémentaires critiques. Le champ des possibilités est immense, la souplesse de la caractérisation en laboratoire se révèle d'une efficacité considérable, sans commune mesure avec l'expérimentation spatiale.

Une mission spécifique est-elle nécessaire pour rapporter des échantillons du sol de Mars ? N'en possède-t-on pas déjà sur Terre ? Cette interrogation provient de ce que, parmi les milliers de météorites actuellement répertoriées, quelques dizaines ont des propriétés qui indiquent qu'elles pourraient venir de Mars, dont elles auraient été éjectées par des impacts. Par leur composition minéralogique, ces *météorites martiennes* se regroupent en plusieurs familles, qui ont un trait commun : elles sont constituées principalement de roches magmatiques et non sédimentaires. Elles proviendraient donc de la croûte profonde, et non de ses couches superficielles ; elles n'ont donc pas été soumises à l'altération aqueuse primordiale. Sur Terre, il est vrai, la vie a rapidement conquis de vastes territoires, au point qu'on en trouve des traces essentiellement partout à sa surface, dans l'océan et sur les terrains continentaux, même les plus désertiques, sahariens ou antarctiques. Sur Mars en revanche, tous les sites visités jusqu'à présent se sont révélés parfaitement inertes, ne possédant pas même de composés organiques détectables. La recherche de vie martienne suppose donc de bien choisir le site d'analyse et de collecte d'échantillons. Cela est possible désormais, mais, pour autant qu'ils existent, les sites favorables sont extrêmement rares. On comprend que des impacts aléatoires, comme ceux dont sont issues les météorites martiennes, n'ont qu'une chance minime d'éjecter des roches qui en proviendraient.

En outre, des analyses en laboratoire qui ne sont pas corrélées à des mesures *in situ* précisant le contexte des échantillons avant leur collecte voient leur portée terriblement réduite. L'exemple des échantillons lunaires est probant. C'est parce qu'on dispose simultanément de la caractérisation des sites où ils ont été sélectionnés, par les observations faites sur place, au sol et en orbite, que leurs analyses ont été si riches. On leur doit d'avoir caractérisé l'intense bombardement primordial qui a affecté tous les objets planétaires, puis le bombardement météoritique, qui sert d'étalon chronologique pour tout le système solaire, par comptage de cratères. Elles ont expliqué l'origine des mers lunaires comme effet majeur de l'activité interne de la Lune. Elles ont permis de construire un nouveau scénario de la naissance de la Lune à partir d'un impact géant subi par la Terre très peu de temps après sa propre formation, faisant ressortir le caractère exceptionnel du système Terre-Lune auquel on doit en particulier la stabilisation du climat terrestre.

S'agissant de Mars, planète dont l'histoire a été jalonnée par une diversité d'étapes autrement plus riche, le retour à attendre de l'analyse en laboratoire d'échantillons est bien plus prometteur encore que celui des échantillons lunaires. Le succès escompté sera d'autant plus grand que nous savons à présent où et comment sélectionner des échantillons qui, potentiellement, devraient révéler l'essentiel de la diversité martienne. On va pouvoir caractériser l'évolution magmatique de cette planète, décrypter son histoire géologique et climatique jusqu'à sa mort géologique, et dater avec précision les différentes ères ; confirmer ou infirmer le rôle que l'eau a pu y jouer. On va disposer d'échantillons dans lesquels, si la vie a émergé, on pourra la repérer.

Les champs couverts par l'analyse de tels échantillons intéressent de nombreuses communautés scientifiques, en planétologie, en géophysique, en sciences de l'atmosphère, également en sciences du vivant. Le retour des échantillons lunaires a provoqué, outre-Atlantique, un sursaut important de l'intérêt populaire pour la science, bien au-delà de la connaissance de la Lune à laquelle ils donnaient accès. De la même manière, et à un degré probablement bien supérieur, le retour d'échantillons martiens devrait considérablement renforcer l'intérêt pour l'activité scientifique, bien malmené ces temps-ci.

Il est vrai que l'engouement pour les échantillons lunaires profitait du succès remporté par les États-Unis dans le programme Apollo : des hommes ont marché sur la Lune ! La collecte et le retour de plus de 350 kilogrammes de grains et de roches lunaires étaient secondaires. Pour Mars, les premières missions de retour d'échantillons seront totalement automatiques. Cela ternira-t-il l'intérêt et le soutien du public ? Il y a de bonnes raisons de penser que non, et surtout de faire en sorte que ce ne soit pas le cas. Il y a d'abord l'intérêt et l'importance potentielle de leur analyse ; avec cette particularité décisive qu'elle pourrait contribuer à faire progresser considérablement la question de l'émergence et de l'existence ou non de structures vivantes hors de la Terre.

Il y a ensuite que la mission sera exceptionnelle en elle-même. Elle comportera, comme toutes les missions d'exploration martienne *in situ*, une phase d'opérations robotiques très spectaculaires, destinées à collecter et à analyser sur place les meilleurs échantillons à rapporter. Puis viendra une phase totalement inédite, extrêmement complexe et importante : procéder au retour automatique de ces échantillons sur Terre, selon la séquence suivante : introduction des échantillons collectés dans une capsule étanche : installation de celle-ci sous la coiffe d'une fusée à deux étages ; lancement de cette fusée puis libération en orbite martienne de la capsule contenant les échantillons ; interception de cette capsule par un vaisseau spatial préalablement mis en orbite martienne ; retour du vaisseau muni de sa capsule vers la Terre ; traversée de l'atmosphère à vive allure, freinage et atterrissage, dans quelque désert terrestre, intacte… Tout cela, d'une manière totalement robotisée.

C'est dire combien de défis restent à relever, combien d'intelligence doit encore être déployée pour concevoir, développer, tester les multiples systèmes de cette aventure, tout cela pour se procurer quelques centaines de grammes de matière extraterrestre afin d'y lire l'histoire de Mars, mais aussi notre propre histoire ; pour comprendre, ou apprendre, ce qui fait que la vie est un jour apparue sur Terre, et déterminer si, en tout cas dans notre système solaire, cela ne s'est produit que sur Terre ou s'il s'agit d'un processus somme toute banal, qui est également survenu ailleurs – sur Mars.

Les deux options seraient également importantes. Établir que Mars a vu son histoire se distinguer de celle de la Terre après que la vie y est apparue indiquera que celle-ci est une étape naturelle, générique et aisément accessible de l'évolution de la complexité cosmique. Les atomes se lient en molécules dès que le milieu se protège du rayonnement stellaire de grande énergie ; les molécules, par collisions successives, s'y transforment alors progressivement en espèces de plus en plus complexes, enfermant de plus en plus de radicaux, sur des chaînes carbonées, linéaires ou cycliques, de plus en plus longues. La vie extraterrestre aurait toutes raisons d'avoir trouvé de nombreux autres sites planétaires pour émerger et se développer, autour de quantités d'autres étoiles, dans notre Galaxie comme en de nombreuses autres, au cours des milliards d'années d'évolution de l'Univers. Les découvertes de traces de vie martienne, fût-elle fossile, stimuleront considérablement les recherches en cours de caractérisation d'exoplanètes et de systèmes stellaires extérieurs au nôtre, pour déboucher sur des programmes capables de mettre en évidence certaines de ces planètes où se développent, aujourd'hui même, des formes de vie extraterrestre. L'arrêt de l'évolution de la vie sur Mars, il y a plus de quatre milliards d'années, serait à mettre au compte du changement climatique global qu'elle a subi, et non la Terre.

Tout au contraire, si les recherches en cours tendent à montrer que, même dans les sites martiens les plus favorables, où il semble que l'eau soit restée liquide des millions d'années au moins, aucune évolution vers le vivant n'a été détectée, peut-être faudra-t-il accepter que cette évolution requière des conditions très spécifiques, que le hasard n'a réunies que sur Terre. Les recherches en cours font en effet grandir la liste des ingrédients indispensables, en particulier pour permettre de stabiliser sur de longues durées de l'eau liquide à la surface de la planète. C'est le cas de l'existence d'une Lune de masse suffisante ou de réserves énergétiques (radioactives) capables de maintenir une dynamo magnétique efficace. Les océans doivent ensuite avoir été alimentés en composés carbonés et azotés, par impact d'objets primitifs ou dégazage de fumerolles profondes, ainsi qu'en phosphates et autres nutriments, par lessivage fluvial de continents. L'existence de ces derniers est peut-être essentielle. Une planète entièrement recouverte d'océans pourrait donc ne pas convenir. La mise en place d'une tectonique de plaques laissant des continents émerger de vastes océans pourrait être fondamentale ; or on a vu qu'elle requiert des conditions très particulières, comme la teneur en eau du magma qui elle-même résulte de la manière spécifique dont les impacts du bombardement primordial ont affecté la planète. L'absence de vestiges d'organismes vivants dans des terrains martiens qui ont connu un long épisode aquatique traduirait celle de tels ingrédients complémentaires à l'eau liquide, qui manquèrent à Mars et furent présents sur Terre.

Plus s'approfondissent nos connaissances sur les mondes planétaires, plus en ressort une vision dialectique : elle oppose une unité d'origine fondamentale à une diversité d'évolution étonnante. Les mesures accumulées depuis plusieurs dizaines d'années ont conduit à l'abandon définitif des théories *catastrophistes* de formation des planètes, dont on doit à Buffon les premières formulations : les planètes se seraient condensées dans des filaments extraits du Soleil par des événements successifs et non corrélés, comme l'attraction d'étoiles passant dans son voisinage. Les conceptions contemporaines reprennent les idées opposées d'une commune nébuleuse d'origine, dont Kant puis Laplace ont proposé le concept. L'ensemble des constituants du système solaire, dont le Soleil et les planètes, s'est formé à partir d'un même nuage de gaz et de grains, au sein de notre Galaxie, au même moment. Les processus d'évolution stellaire et planétaire ont modelé des destins extraordinairement différents pour tous ces mondes, qui se présentent aujourd'hui à nous comme autant d'objets étonnamment distincts. La Terre présente une spécificité majeure : elle a abrité les conditions d'émergence du vivant et en a maintenu les conditions d'évolution jusqu'à aujourd'hui.

On commence juste à en comprendre certaines des raisons. Les conditions d'habitabilité résultent d'une somme de phénomènes considérables, auxquels toutes les forces de la nature ont contribué : gravité, électromagnétisme, interactions forte (force nucléaire) et faible (radioactivité). La distance au Soleil et la taille de la Terre ne suffisent certainement pas à expliquer la complexité et la spécificité des propriétés atmosphériques. C'est le cas, par exemple, de la couverture nuageuse, qui joue un rôle climatique si important : son abondance, sa structure et ses variations dans l'espace et le temps mettent en jeu des propriétés qui ne se résument pas aux seuls profils thermodynamiques de pression et de température ; elle requiert des sites de nucléation, microscopiques, non encore définis. La température à la surface de la Terre, critique pour que l'eau demeure liquide et que les océans restent pérennes, n'est supérieure à 0 °C que parce que l'atmosphère ne contient pas seulement de l'azote et de l'oxygène : c'est à des molécules très rares, comme le gaz carbonique, dont l'abondance est très inférieure au pourcent, qu'on le doit. Or certains ne sont réinjectés dans l'atmosphère qu'au terme de processus complexes, auxquels participent en particulier le volcanisme et les mouvements tectoniques entretenus par la radioactivité du manteau et de la croûte terrestres.

Il n'y a donc aucun sens à envisager recréer, aujourd'hui, sur une planète qui en est dépourvue, les conditions qui font de la Terre une planète non seulement habitable, mais habitée. Ces notions de *Terra formation*, issues de la science-fiction, reflètent l'ignorance qui dominait jusqu'à récemment des conditions et des processus physiques régissant les équilibres de l'atmosphère terrestre. Pour la Lune et Mars, l'évolution les a déjà conduites au stade de mort géologique qui attend tout objet planétaire lorsque sa croûte, en s'épaississant, isole définitivement sa surface, qui devient ainsi inerte, du manteau profond : plus de volcanisme ni de dégazage moléculaire qui contribuent en particulier à l'effet de serre favorisant le maintien d'eau liquide. La vie sur Terre est également caractérisée par le fait que notre atmosphère s'est enrichie, au cours de son histoire, d'oxygène moléculaire : poison violent pour certaines espèces, il est indispensable à de nombreuses autres, qui l'absorbent et l'utilisent pour s'approvisionner en énergie par combustion métabolique. Il est de fait indispensable à toutes les espèces vivant hors de l'eau : il permet la synthèse de l'ozone dans la stratosphère, qui contribue au premier plan à filtrer le rayonnement solaire ultraviolet, très énergétique et de ce fait létal. Or il a fallu plus de deux milliards d'années d'activité vivante marine pour que le plancton, par métabolisme photosynthétique du gaz carbonique, libère ces quantités d'oxygène.

Les progrès de notre compréhension de ce qui fait que la Terre est aujourd'hui habitable, ne serait-ce que des processus responsables de ses propriétés atmosphériques, suffisent déjà pour abandonner toute velléité de les recréer ailleurs. Il faut tout au contraire se convaincre que la vie sur Terre ne peut se développer que sur Terre, ou dans des volumes limités remplis d'atmosphère terrestre, au sein de scaphandres étanches ou de stations spatiales. Si les conditions d'environnement se modifient, une adaptation peut se faire à condition que les échelles de temps le permettent : une variation trop brutale, comme celle que nous vivons actuellement, peut ne pas être supportable pour certaines espèces. C'est pourquoi il est impérieux de poursuivre et de développer les recherches des phénomènes subtils en jeu, afin de les maîtriser ; et cela d'autant plus rapidement que l'homme, par son activité même, modifie les conditions de son propre environnement au point de compromettre sa propre survie. La solution, en tout état de cause, n'est certainement pas de transformer Mars en Terre de repli.

La *Terra formation* porte le nom scientifique de *biosphérisation*. Celle-ci a droit à une définition au *Journal officiel* de la République française lui-même. En date du 17 avril 2008, celui-ci précise, en effet, sans émettre le moindre doute, qu'il s'agit de la « transformation de tout ou partie d'une planète, consistant à créer des conditions de vie semblables à celles de la biosphère terrestre en vue de reconstituer un environnement où l'être humain puisse habiter durablement ». Il est très regrettable qu'elle bénéficie ainsi d'une sorte d'homologation officielle. *Terra formation* ? Non !

Alors même que le système solaire se révèle si divers, et qu'à mesure qu'on observe les autres planètes la Terre apparaît de plus en plus singulière, une question surgit, née d'observations nouvelles, qui bousculent sérieusement les bases de notre vision cosmique : et si le système solaire lui-même était singulier ?

Depuis que la notion de nébuleuse s'est forgée et consolidée, en termes de disque d'accrétion en effondrement rotationnel, pour rendre compte de la formation d'une étoile et de son cortège de planètes et de petits corps, il semble vraisemblable qu'existent de multiples autres planètes dans les galaxies, autour des innombrables étoiles qui les peuplent. Le fait qu'une majorité d'étoiles visibles à l'œil nu sont en fait des systèmes de deux étoiles en rotation l'une autour de l'autre, et que le télescope sépare visuellement, donne crédit à cette idée que l'effondrement d'un disque donne naissance à plusieurs objets : il faut qu'ils soient de grandes tailles pour devenir des étoiles, sans quoi ils demeurent des planètes que l'œil ne peut discerner. Pour autant, de l'idée à la validation par une observation le pas est considérable, et nécessaire pour asseoir la représentation.

C'est ce qui s'est produit pour la première fois en 1995 quand deux astronomes suisses, Michel Mayor et Didier Queloz, utilisant un spectromètre à très haute résolution installé au foyer d'un télescope de Saint-Michel-l'Observatoire, ont mis en évidence une planète extrasolaire, ou *exoplanète*, c'est-à-dire en orbite autour d'une étoile autre que le Soleil. Cette découverte majeure a été suivie par plusieurs centaines d'autres, confirmant l'existence répandue de planètes dans la Galaxie.

Ces détections sont indirectes, en ce sens que les planètes ne sont pas observées directement, mais par leurs effets sur l'étoile autour de laquelle elles gravitent. Elles sont en effet de taille et de brillance trop faibles par rapport aux étoiles pour être repérées par elles-mêmes. C'est déjà une prouesse remarquable que d'être capable de détecter les effets qu'elles induisent sur les étoiles, dont le principal est celui-ci : une planète tourne non pas autour du centre de l'étoile qui l'attire, mais autour du centre de gravité du système qu'elles forment ensemble. Celui-ci est légèrement décalé par rapport au centre de l'étoile, d'autant que la planète est plus massive. De la même manière, l'étoile est en rotation autour de ce même centre de gravité, avec la même période que la planète. Par exemple, du fait de l'existence de Jupiter, le Soleil tourne en dix ans autour d'un point situé à environ un rayon de son centre. Vu de loin, un observateur verrait donc le Soleil s'éloigner puis se rapprocher de lui, au fur et à mesure que Jupiter parcourt son orbite. Ce sont précisément ces mouvements de rotation stellaire qui deviennent mesurables lorsque la planète perturbatrice est de taille suffisante. Les planètes les plus accessibles à l'observation sont donc celles de grande masse – similaire aux géantes de notre système, comme Jupiter ou Saturne.

Pour s'assurer qu'il s'agit bien de l'effet d'une planète, on doit vérifier que le mouvement est périodique, lié à sa révolution : il faut valider la détection par plusieurs passages. Comme les programmes d'observation télescopiques durent quelques nuits, au plus quelques semaines consécutives, on ne peut mettre en évidence que des planètes de périodes très courtes, de quelques jours. Or on sait bien, comme l'exprime une loi de Kepler, que la période est fonction de la dimension de la trajectoire, si bien qu'un objet de très courte période est nécessairement très proche de son étoile ; il est donc dans un environnement très chaud. Il y a ainsi quelque contradiction à vouloir y détecter un objet de grande masse, c'est-à-dire essentiellement constitué de gaz, comme l'est Jupiter : trop près du Soleil, il ne peut accréter d'atmosphère dense, car celle-ci, par sa température, s'en échappe plus qu'elle n'est retenue.

Or c'est précisément un objet de ce type, de grande masse (près de la moitié de la masse de Jupiter) et de très courte période (à peine plus de quatre jours !), que M. Mayor et D. Queloz ont détecté autour d'une étoile de la constellation de Pégase : tout se passe comme si Jupiter gravitait à une distance du Soleil de 0,05 unité astronomique, c'est-à-dire vingt fois plus près que la Terre, et près de huit fois plus que Mercure. À 0,05 unité astronomique, la température d'équilibre est de plus de 1 000 °C. L'essentiel des exoplanètes qui ont été détectées par la suite a présenté des caractéristiques similaires, c'est-à-dire de grandes masses et de petites distances orbitales.

De telles observations allaient à l'encontre de ce qu'on avait imaginé pour expliquer la configuration du système solaire : des planètes essentiellement rocheuses, comme Mercure, la Terre ou Mars, sont situées près du Soleil, et des planètes géantes, contenant une atmosphère massive, se trouvent à de bien plus grandes distances. Comment expliquer que cela ne se retrouve pas ailleurs ? Ce sujet, encore très récent, n'en est qu'à ses débuts. Le concept avancé le plus fréquemment est celui de *migration* : les planètes extrasolaires qu'on observe ne se trouveraient pas sur leur lieu de formation : elles se seraient formées à de bien plus grandes distances, dans un milieu suffisamment froid pour que le gaz soit retenu autour d'un noyau central massif. Elles auraient ensuite dérivé vers l'étoile centrale. Leur orbite aurait évolué par suite de l'interaction avec le gaz de la nébuleuse. Cette migration se serait arrêtée avec la disparition du gaz, une fois totalement accrété par les planètes ou chassé sous l'effet du vent stellaire. Les planètes qui, lorsque ce processus d'arrêt est survenu, étaient à des distances à l'étoile supérieure à 0,04 unité astronomique se sont trouvées dans une configuration stable, pouvant perdurer des milliards d'années : c'est ainsi qu'on les observe.

Le fait qu'un grand nombre des planètes détectées à ce jour est de ce type, massif et proche de leur étoile, provient donc de la manière même dont elles sont mises en évidence : on ne peut en voir que de telles. Il pourrait alors ne s'agir que d'un biais observationnel ; à mesure que s'amélioreront les techniques de mesure, des planètes de masse de plus en plus petites, jusqu'à des dimensions proches de celle de la Terre, pourront être détectées. Alors seulement on pourra mettre en évidence des planètes rocheuses sur lesquelles, éventuellement, existent des océans, au sein desquels une chimie aurait pu se complexifier en biochimie...

Peut-être, tout au contraire, alors que se multiplieront les observations, avec des moyens de plus en plus performants, constatera-t-on que notre système lui-même est très singulier, pour ne pas avoir été marqué par la migration à grande échelle des planètes géantes. Il a fallu de grandes quantités de gaz pour faire grossir des planètes aussi massives que Jupiter et Saturne, puis balayer rapidement ce qui en restait, à peine leur formation terminée, pour éviter qu'elles ne migrent trop... Peut-être doit-on à cette particularité le maintien de la Terre : une planète géante balayant la cavité stellaire aurait-elle épargné dans son mouvement une planète comme la nôtre ?

Les découvertes récentes d'exoplanètes sont donc en train de remettre en question notre vision de l'évolution dynamique d'un système né de l'effondrement d'un disque d'accrétion. Pendant longtemps, le mouvement planétaire était considéré comme parfaitement prédictible, doté d'une régularité d'horlogerie et d'une stabilité exemplaire. Récemment, il est apparu que, par de nombreux aspects, il se comportait au contraire d'une manière chaotique : c'est le cas de l'évolution de l'obliquité planétaire, que seule l'existence de mécanismes stabilisateurs, tels que l'exerce la Lune sur la Terre, parvient à freiner. L'observation des systèmes planétaires autour d'autres étoiles généralise au mouvement de révolution orbital lui-même la possibilité d'une évolution à grande échelle, semblable à celle de l'obliquité. Une évolution importante du mouvement de révolution d'une planète, c'est-à-dire de sa distance à l'étoile, aurait bien entendu des effets majeurs sur son climat.

La liste des facteurs d'habitabilité planétaire ne cesse de s'allonger. Par-delà la distance à l'étoile, et le degré d'activité interne, tel que la teneur en éléments radioactifs à longue période, il faut également prendre en compte le degré d'évolution du disque d'accrétion lui-même, c'est-à-dire la manière dont la matière se transfère du disque aux objets planétaires, et le temps que cela prend : c'est elle qui détermine l'évolution dynamique des planètes, les collisions qu'elles subissent, l'apport d'eau et d'autres constituants volatils, et finalement leur climat.

Notre Terre

Les questions touchant à la réalité de l'Univers qui nous est accessible, de son origine, de son évolution et de son destin, ont jalonné les recherches et les représentations astronomiques et astrophysiques. Les observations disponibles sont restées des siècles durant extrêmement limitées : le seul vecteur d'information était le rayonnement accessible à l'œil, éventuellement aidé de télescopes, c'est-à-dire dans un domaine très étroit de longueurs d'onde. Cette vision donne la préséance aux objets brillants dans ce domaine spectral, c'est-à-dire aux étoiles. Une très grande diversité de représentations a été construite à partir de ces observations, tant elles sont peu contraintes : les mêmes observations du ciel nocturne ont nourri des cosmologies très variées.

Toutes avaient néanmoins un point commun. La Terre et les étoiles n'échangent aucune de leurs propriétés, aucun de leurs destins : l'histoire de la Terre n'apparaît en rien couplée à celle du cosmos tel qu'il nous apparaît dans la nuit noire. Aucune relation naît de ce qui nous est donné de voir, même avec l'aide des télescopes apparus au XVIIe siècle. L'observation du ciel a laissé l'homme libre de se construire une histoire autonome, sans racine cosmique. Avec l'héliocentrisme et la reconnaissance progressive du statut de planètes, liées par la gravité au Soleil, un lien est né entre la Terre et un objet céleste.

Un bouleversement est apparu de la compréhension que le noir du ciel provient de l'incapacité de l'œil à détecter le rayonnement de grandes longueurs d'onde : l'espace, partout, est rempli d'un rayonnement qui, en nombre de photons, dépasse de beaucoup celui des photons visibles qui viennent des étoiles, mais notre œil y est totalement insensible. Du déchiffrage de ce rayonnement est née la représentation actuelle d'un Univers emporté dans une dynamique d'évolution, dans une expansion de ses dimensions qui s'accompagne d'un refroidissement global. Cette dilatation de l'Univers s'est traduite par celle de la longueur d'onde du rayonnement qui le remplit : visible il y a plus de 13 milliards d'années, il est aujourd'hui dans le domaine des ondes radio. Il faut de tout autres détecteurs que l'œil pour l'intercepter. L'Univers se révèle ainsi avoir une histoire, en ce sens que ses conditions globales n'ont jamais cessé d'évoluer depuis ses toutes premières phases de températures très élevées. Le système solaire, ses constituants planétaires, la Terre et ce qu'elle porte, tout s'intègre à ce mouvement global.

L'astrophysique contemporaine décrit cette histoire à laquelle participent la formation et l'évolution des étoiles comme sites où la matière lentement se complexifie. L'hydrogène peu à peu se transforme en éléments lourds, à partir desquels des molécules de plus en plus complexes se forment sur des îlots protégés. L'histoire de la Terre et, partant, celle de l'homme plongent leurs racines dans celle de l'Univers. Au fond du ciel, qui lui est invisible, l'homme vient de trouver ses racines. Une relation intime le lie désormais au cosmos.

Le vivant, loin de pouvoir se penser indépendamment de l'Univers, apparaît donc comme un stade de son évolution. Des quarks se sont liés en protons et neutrons dans l'Univers primordial. Bien après, au sein des étoiles, protons et neutrons ont fusionné pour donner naissance à tous les noyaux et éléments connus. Dans des nuages galactiques en effondrement, ces atomes se sont liés en molécules, tandis que grossissaient étoiles et planètes. À la surface de planètes, une chimie de plus en plus prolixe a fait évoluer certaines d'entre elles vers des formes vivantes. Presque tous les jalons de cette histoire ont été identifiés, et vérifiés par des simulations en laboratoire. L'un d'eux toutefois est resté jusqu'à ce jour incompris ; celui du passage de l'inerte au vivant. Parce qu'il s'est produit sur Terre, à une époque dont toutes les traces ont été effacées, il est très difficile d'en dessiner les propriétés. Seule la présence d'eau paraît une quasi-certitude.

Il est tout à fait remarquable que Mars apparaisse aujourd'hui comme le seul objet accessible qui ait préservé la mémoire de cette ère où il y avait d'importantes quantités d'eau en surface, avant même qu'ait été achevé l'intense bombardement primordial. La découverte des terrains correspondants, par l'identification des minéraux argileux formés à cette époque, peut se révéler extrêmement fécond. Leur étude microscopique et la caractérisation des composés carbonés qui peuvent s'y être développés constituent peut-être la première étape d'un programme structuré de recherche de vie extraterrestre. Cette discipline entre réellement dans l'ère scientifique.

Qu'elle débouche ou non sur la découverte de bio-reliques martiennes, l'exploration qui sera conduite sur ces terrains apportera des informations inédites sur ce que furent les conditions qui régnaient dans ces temps extrêmement reculés, non seulement sur Mars, mais également sur Terre, lorsque la vie y est apparue. Jamais encore cette période n'a été explorée : elle demeurait au-delà de l'horizon accessible à l'observation. Mars nous offre d'y pénétrer.

Il faut s'attendre à ce que le résultat de cette exploration ne soit pas une réponse directe à la question ainsi formulée : la vie a-t-elle démarré sur Mars ? Cela ne signifierait pas que la recherche a été mal conduite : le succès se traduit souvent par la démonstration que la question était mal posée, reflétant la méconnaissance des processus réellement en jeu ; elle conduit à formuler de nouvelles questions, appelant de nouvelles expériences, plus avancées. On décrit souvent la démarche scientifique comme la construction d'un puzzle, dont chaque découverte constituerait une pièce. Cette image est inexacte. Le puzzle de la connaissance n'a pas de cadre, ni de nombre de pièces limité, qui ferait qu'un jour il serait achevé : les dimensions du puzzle augmentent alors qu'il se remplit.

Une bonne recherche peut déboucher sur plus de questions qu'elle n'en résout : c'est ce qui se passe actuellement avec l'exploration martienne. Cela exige d'accepter de vivre avec toujours plus de questions non résolues – sans rechercher dans le non-démontrable, voire l'irrationnel, le moyen de satisfaire une curiosité justement aiguisée. Une caractéristique de la démarche scientifique est précisément de partir d'observations pour construire une représentation, débouchant sur des prédictions observationnelles que de nouvelles mesures confirmeront, invalideront, modifieront. Qu'importe une affirmation si rien ne permet d'en jauger la pertinence. Cette boucle permanente entre observation, modélisation, prédiction, validation observationnelle signe un processus robuste qui permet d'avancer. Le fait que l'activité scientifique ne donne pas de certitudes, qu'il faut au contraire toujours questionner, mettre en cause ou en doute, vérifier, valider, ne signifie pas qu'il n'y a pas de progrès de la connaissance : la réalité se décrit de manière de plus en plus précise, tout en révélant une complexité croissante.

On assiste à l'heure actuelle à une accélération rapide des travaux sur la définition même de ce qu'est le vivant, d'une manière qui se prête à une caractérisation non ambiguë : quelles structures, quelles fonctionnalités suffisent-elles à décider qu'une structure organique est vivante ?

L'exploration martienne est au cœur d'un processus de fond qui prend forme aujourd'hui : lier la compréhension de ce que requiert le passage de l'inerte au vivant à la recherche de vie extra-terrestre dans une approche authentiquement scientifique.

Ces recherches répondent à une démarche constante de l'esprit humain : tenter de répondre à une curiosité insatiable, stimulée par des interrogations permanentes. Elle se double d'une autre motivation : répondre à une préoccupation spécifique, qu'on pourrait qualifier d'*application*, comme cela a souvent été la réalité de la recherche astronomique. Il s'agissait jadis d'établir des calendriers pour prévoir le retour des crues, et d'indiquer les moments les plus favorables pour procéder aux semences. Aujourd'hui, la dérive rapide des équilibres climatiques, auxquels l'activité humaine est loin d'être étrangère, comporte des risques majeurs qu'il importe d'évaluer pour tenter de les limiter. La rapidité de ces évolutions impose un devoir de résultat dans un délai extrêmement court. Cela exige avant tout une compréhension des mécanismes, parfois excessivement fins, qui régissent les propriétés atmosphériques ; ils impliquent l'ensemble de la machine planétaire.

La planétologie contemporaine tout à la fois procède au bouleversement de notre vision de la Terre au sein des mondes planétaires et met en évidence les mécanismes subtils qui en régulent le devenir.

Index

Remerciements

Rencontré au hasard d'une conférence, Sébastien Balibar m'a proposé de raconter par écrit l'histoire de Mars et des planètes qu'il venait d'écouter. C'est à son enthousiasme et à sa ténacité que je dois d'avoir osé le faire, à l'ombre douce d'une forêt d'oliviers ondulant vers la mer Égée ; avec une profonde estime que je l'en remercie. Un grand merci également à Gérard Jorland, dont la grille de lecture sûre, rigoureuse et singulièrement juste a considérablement contribué à aérer et structurer le manuscrit.

Défi impossible que de prétendre rassembler ici les noms de tous ceux qui ont contribué aux recherches qui servent de trame à ce livre, tant elles relèvent d'une activité extraordinairement collective. Se retrouvent aux avant-postes mes collègues et amis de l'Institut d'astrophysique spatiale, à Orsay, ainsi que de l'observatoire de Paris-Meudon : la palette de leurs compétences et de leurs talents conjugués s'est révélée d'une impressionnante fécondité. Les instruments qu'ils ont réalisés, en tout ou partie, acquièrent aujourd'hui encore, en orbite autour de Mars, de Vénus et de Saturne, ou en route vers un noyau d'une comète, des données fabuleuses. S'il m'est permis de ne citer que quelques noms, ce seront ceux d'Alain Soufflot et d'Yves Langevin, qui ont profondément marqué l'ensemble de ces aventures. Ils constituent avec Michel Berthé, Brigitte Gondet et François Poulet le cercle étroit avec lequel je partage à l'IAS la responsabilité de la conduite et de l'exploitation scientifique de ces programmes. De nombreux collègues d'autres équipes, en France et ailleurs dans le monde, y apportent des pierres décisives ; j'ai plaisir et émotion à saluer tout particulièrement les dizaines de jeunes chercheurs qui se sont formés aux sciences planétaires en dépouillant et en interprétant les données acquises par ces programmes encore en opération : ils sont prêts à affronter, en large coopération internationale, certains des grands défis scientifiques de ce siècle. Une telle activité n'a pu se développer qu'au sein de structures publiques de recherche, dans la complémentarité des rôles du CNRS et de l'Université dont il est fondamental qu'elle se pérennise, et avec le soutien immense du CNES, notre agence spatiale nationale, qu'il m'est très agréable de remercier ici, pour une confiance et une aide constantes. Une personne enfin a joué un rôle fondateur, parmi nos collègues moscovites qui nous ont offert de participer aux missions d'exploration spatiale du système solaire : notre ami de plus de vingt ans, Vassili Moroz, disparu en 2004 ; physicien exemplaire, il a toujours eu à cœur de promouvoir une authentique pratique de coopération. Je me permets de lui dédier ce livre.

Table

Crédits photographiques

Figure 1 : ESA/DLR/FU Berlin (G. Neukum) – Figure 2 : NASA – Figure 3 (haut) : NASA/MGS/MOLA, (bas) : NASA/MGS/MAGER – Figure 4 : NASA – Figure 5 : ESA/DLR/FU Berlin (G. Neukum) – Figure 6 : ESA/DLR/FU Berlin (G. Neukum) – Figure 7 : ESA/DLR/FU Berlin (G. Neukum) – Figure 8 : NASA/MGS/MOLA – Figure 9 : © Michael Carroll – Figure 10 (haut) : ESA/OMEGA/IAS, (bas) : NASA/MGS/MOC – Figure 11 : ESA/Rosetta – Figure 12 : CIVA/Philae/ESA – Figure 13 : ESA/DLR/E. Hauber – Figure 14 : OMEGA/IAS – Figure 15 : ESA/DLR/FU Berlin (G. Neukum) – Figure 16 : NASA/MERs – Figure 17 : OMEGA/IAS – Figure 18 : ESA/DLR/IAS – Figure 19 : NASA/ESA/IAS – Figure 20 : ESA/DLR/FU Berlin (G. Neukum) – Figure 21 : NASA/MSL – Figure 22 : ESA/ExoMars. Page 19, 20 et 160 : NASA – Page 52 : DR.

Photo de couverture – Sur cette image de la calotte polaire Nord de Mars, le bleu correspond à de la glace d'eau, et le rouge à du gypse, tels qu'ils ont été identifiés par l'instrument OMEGA sur la sonde Mars Express actuellement en orbite : il y a du plâtre noir dans les glaces boréales !
© ESA/OMEGA/IAS (Y. Langevin)

Cet ouvrage a été transcodé et mis en pages
chez NORD COMPO (Villeneuve-d'Ascq)

Dépôt légal : novembre 2009
d'édition : 7381-2328-Y